Ruheplatz im Grünen

Ruheplatz im Grünen

Pflanzenwelt, Gartengestaltung und Naturforscher auf dem Südwestkirchhof in Stahnsdorf

herausgegeben von

Thomas Marin

Impressum

Bibliographische Information der Deutschen Nationalbibliothek
Die Deutsche Nationalbibliothek verzeichnet diese Publikation in der Deutschen Nationalbibliographie; detaillierte bibliographische Daten sind im Internet über http://dnb.d-nb.de abrufbar.

Bildnachweis:

S. 10 – 41: Ute Günther/Gerhard Casperson; Umschlagfoto, S. 52, 54, 84, 112: Thomas Marin; S. 65: Dina Tradowsky; S. 47, 50, 62, 74, 79, 87, 91, 94, 99, 103, 111: Archiv Marin

1. Auflage 2009

ISBN 978-3-8370-6716-3

© Thomas Marin, Stahnsdorf

Herstellung und Verlag: Books on Demand GmbH, Norderstedt

Inhaltsverzeichnis

Zum Geleit
   7

Vorwort
   8

Gerhard Casperson: Der Südwestkirchhof in Stahnsdorf
und seine Flora   11

Thomas Marin: Louis Meyer und das gestalterische
Konzept des Südwestkirchhofs   44

Dina Tradowsky: Besondere Bedingungen für die
Grabgestaltung auf dem Südwestkirchhof Stahnsdorf   57

Thomas Marin: Hugo Conwentz (1855-1922) –   77
Begründer des staatlichen Naturschutzes

Thomas Marin: Christian Luerssen (1843 – 1916) –   88
Farnforscher und Botanikprofessor in Eberswalde und
Königsberg i. Pr.

Anhang:

1.   Verzeichnis der erwähnten Pflanzen   115

2.   Bibliographie Christian Luerssens   125

Zum Geleit

Unsere Friedhöfe sind durch die Jahrhunderte hinweg zu Kleinoden in unserem Lebensraum geworden. Sie sind nicht nur aus kulturhistorischer Sicht herausragend, sondern auch aus ökologischer Sicht bedeutend.

Dass sich die Besonderheiten der Flora und Fauna so ausgeprägt entwickeln konnten, ist die Folge eines Wandels unserer Friedhofs- und Bestattungskultur. Die individuelle Grabstätte als Ort der Trauer ist heute nicht mehr gefragt. Unsere Friedhöfe sind in ihrer traditionell gewachsenen Form nicht mehr gefragt. Man trauert heute privat, in Wohnzimmern, auf hoher See oder im Internet.

Diese Situation hat auch Auswirkungen auf den Südwestkirchhof. Einerseits ist es ein Problem, mit erheblichen Kosten das viele Grün auf den verlassenen Friedhofsflächen zu erhalten. Andererseits haben sich die ökologischen Besonderheiten zu einem Alleinstellungsmerkmal entwickelt.

Der Südwestkirchhof wird heute, mehr als je zuvor, nicht mehr ausschließlich als Ort der Trauer und Bestattung erhalten und betrieben. Er wird zunehmend zu einem Ort der Regeneration und Begegnung. Durch die Unberührtheit bietet er darüber hinaus Lebensräume für Flora und Fauna. Der Südwestkirchhof wird ein Ort der Ruhe und Besinnung bleiben, aber auch Lebensraum für Mensch, Tier und Pflanzen sein.

Es ist mir eine große Freude, dass mit diesem Buch ein Wegweiser zu den Besonderheiten der Flora auf dem Südwestkirchhof entstanden ist. Nach der Lektüre werden sich dem naturliebenden Besucher neue Einblicke in das ökologische Kleinod des Südwestkirchhofs eröffnen.

Olaf Ihlefeldt Stahnsdorf, Dezember 2008
Kirchhofsverwalter

Vorwort

Genau 100 Jahre nach seiner Einweihung ist der Südwestkirchhof in Stahnsdorf in mancher Hinsicht einzigartig. Dies gilt im Vergleich mit allen anderen Friedhöfen im Großraum Berlin, aber auch deutschlandweit. Eng verbunden mit der Geschichte Berlins als deutsche Hauptstadt, mit der Geschichte des 20. Jahrhunderts und speziell der Teilung Deutschlands nimmt dieser Friedhof in Trägerschaft der Evangelischen Kirche eine Sonderstellung ein.

Mit gut 200 Hektar und über 120.000 Bestatteten eine der größten Grablegen Europas, der Erhaltung wertvoller älterer Grabdenkmale nach bemerkenswert, ist dieser Friedhof auch im Hinblick auf seine friedhofsgärtnerische Anlage und seine Rolle als Naturraum einzigartig. Im Bemühen um eine angemessene Weiterentwicklung der Begräbnis- und Trauerkultur im Industriezeitalter entstand die Idee des Waldfriedhofs, für den die Stahnsdorfer Anlage zwar nicht den Prototyp, aber doch eines der frühesten und bedeutendsten Beispiele bildet.

Die Trennung des Friedhofs von seinem Einzugsgebiet im Westteil Berlins nach dem Zweiten Weltkrieg führte zu einer starken Einschränkung der Nutzung – mit interessanten Folgen für die Ausbreitung der Flora und Fauna innerhalb der Kulturlandschaft des Südwestkirchhofs. Durch die Gestaltung und die über Jahrzehnte in nahezu uneingeschränkter Ruhe mögliche Entwicklung hat sich hier eine beeindruckende Artenvielfalt bei Pflanze und Tier etabliert.

Vielen Besuchern des Südwestkirchhofs ist dessen Bedeutung als naturnaher Lebensraum für viele schützenswerte Arten bewußt. Im Vordergrund steht jedoch vor allem die Betrachtung des Südwestkirchhofs als Zeuge der Zeitgeschichte des 19. und 20. Jahrhunderts. Über bedeutende Grabanlagen und vor allem über bedeutende Persönlichkeiten, die hier beigesetzt wurden, ist in den vergangenen Jahren viel geschrieben worden. Der Reichtum an Pflanzen und Tieren hingegen wurde in der öffentlichen Wahrnehmung oft auf Schlagworte wie Rhododendrenblüte und Wildschweinplage verkürzt. Mit diesem Büchlein soll der Blick in dieser Hinsicht geweitet werden.

Den inhaltlichen Schwerpunkt dieses Sammelbandes setzt der Beitrag über die Flora des Südwestkirchhofs. Dr. Gerhard Casperson war maßgeblich am Projekt der Deutschen Bundesstiftung Umwelt beteiligt, in dessen Rahmen im Jahr 2004 die Artenvielfalt untersucht wurde. Für dieses Buch faßte er die Ergebnisse in verständlicher Form zusammen. Die ursprüngliche friedhofsgestalterische Konzeption und ihr Schöpfer Louis Meyer werden vorgestellt und Anregungen für den heutigen Umgang mit der Grabgestaltung innerhalb des naturnahen und schützenswerten, aber auch gärtnerisch nicht unkomplizierten Umfelds gegeben. Dina Tradowsky hat ihre Kompetenz in diesem Bereich zur Verfügung gestellt. Mit dem „Jahreszeitengarten" betreibt sie die Gärtnerei und Baumschule am Eingang des Friedhofs und engagiert sich seit Jahren für die Erhaltung der Anlage und ihrer Vielfalt. Mit zwei biographischen Beiträgen soll die Brücke zur zeitgeschichtlichen Betrachtung des Südwestkirchhofs geschlagen werden. Hugo Conwentz ruht hier, der Vater des institutionalisierten Naturschutzes in Europa. Als Botaniker und Naturschützer hat er seinen legitimen Platz in dieser Veröffentlichung. Christian Luerssen ist der zweite bedeutende Botaniker, der hier begraben wurde. Über ihn wird an dieser Stelle erstmals ausführlich berichtet, einschließlich seiner Bibliographie.

Ich danke dem Südwestkirchhof und allen, die dieses Projekt unterstützt haben, sowie dem Förderverein Buschgraben/Bäketal e.V. für sein Engagement bei Druck und Verbreitung dieser Schrift.

Thomas Marin

Stahnsdorf im Dezember 2008

Der Südwestkirchhof in Stahnsdorf und seine Flora

von Gerhard Casperson

Der Stahnsdorfer Südwestkirchhof

Die Errichtung dieses Zentralfriedhofes geht auf einen Beschluss des Berliner Synodalverbandes zurück, der sich als Wirtschaftsverwaltung der Evangelischen Kirche von Berlin im Jahr 1895 konstituierte.

Ein entsprechendes Gelände wurde in der Stahnsdorfer Heide gefunden. Mit dem Kaufvertrag vom 3. April 1902 erwarb die Berliner Stadtsynode ein 156,933 ha großes Friedhofsareal, bestehend aus Bauernwald und Gemeindeheide. 1926 wurden 11 ha als Abrundungsfläche hinzugekauft. Diese 168 ha sind eingezäunt und bilden den eigentlichen Friedhof. Darüber hinaus gehören zum Friedhof noch anliegende

Eingangsbereich mit Christusdenkmal von Ludwig Manzel
Kiefern unterpflanzt mit Birke, Buche, Eibe, Lebensbaum und Rhododendron

Forstflächen und das so genannte Kirchenfeld, eine südlich der Potsdamer Allee gelegene Ackerfläche, so dass der Südwestkirchhof Stahnsdorf heute insgesamt rund 206 ha umfasst.

Somit ist der Südwestkirchhof Stahnsdorf nach dem Parkfriedhof Hamburg - Ohlsdorf mit ca. 420 ha der zweitgrößte in Deutschland.

Am 28. März 1909 wurde der Südwestkirchhof geweiht und seiner Bestimmung übergeben. Die erste Beerdigung fand am 8. April 1909 im Block "Nathanael" statt.

Friedhofsplanung und Anlage

Die Gestaltung des gesamten Areals durch Louis Meyer wurde im Charakter eines Landschaftsparks konzipiert. Dabei sollte die vorgefundene Landschaft mit ihren Kiefernbe-

Kiefern unterpflanzt mit Eibe, Efeu und Rhododendron

Eibe, Samen mit rotem fleischigem Samenmantel

Efeu, fruchtend

ständen und Heideflächen mit eingebunden werden. In den bestehenden Bauernwald wurden zahlreiche andere Gehölzarten eingebracht. So wurden zwischen 1910 und 1926 ca. 80.000 einjährige *Kiefern*, 1.600 *Birken*, 1.000 *Eichen* und 4.500 *Douglasien* gepflanzt. Später folgten noch *Buchen, Fichten* und andere Baumarten.

Die Bäume wurden mit Sträuchern unterpflanzt u. a. mit *Buchsbaum, Eibe, Efeu* und *Rhododendron*.

Wichtige Wege wurden durch Alleen und Baumreihen besonders betont, wobei die *Linde* bevorzugt verwendet wurde. Brunnenplätze wurden zum Teil mit geschnittenen *Eiben-* oder *Hainbuchen*-Hecken umrahmt.

Brunnenplatz von Hecken umrahmt

Bestimmte Baumarten kennzeichnen einzelne Grabfelder wie *Hainbuche, Rotbuche, Lebensbaum, Eibe,* oder *Fichte*. Von besonderer Bedeutung für die Anlage sind Sichtachsen, die von großen Gehölzen frei gehalten werden.

Kapellen-Sichtachse mit Randbepflanzung von
Rhododendron und roter Heckenkirsche

Hainbuche mit geflügelten Nussfrüchten

Rote Heckenkirsche

Die Erfassung der Flora und Fauna

Dieser große Waldfriedhof mit seinem Mosaik von verschiedenen Strukturen bietet für viele Tier- und Pflanzenarten günstige Lebensräume. Erstmalig wurden 2002 ausgewählte Tier- und Pflanzenarten erfasst und insbesondere das Vorkommen von seltenen und gefährdeten Arten ermittelt und dokumentiert.** Die durchgeführte Erfassung ergab eine unerwartet hohe Artenzahl :

Artengruppe	Artenzahl
Wildwachsende und verwilderte Farn- und Blütenpflanzen	506
Moose	119
Flechten	72
Pilze	273
Säugetiere	20
Vögel	53
Schmetterlinge	211
Heuschrecken und Grillen	16
Holz bewohnende Insekten	310

Diese so umfassenden Untersuchungen sind für Deutschland einmalig und lassen keinen direkten Zahlenvergleich mit anderen Friedhöfen zu. Um zumindest die Gesamtartenzahl der wildwachsenden und verwilderten Gefäßpflanzen einordnen zu können, sollen hier Untersuchungen auf Friedhöfen von Berlin als Vergleich angeführt werden.
Bei Untersuchungen auf 42 Berliner Friedhöfen, die eine Gesamtflächengröße von
297,3 ha aufweisen, wurden insgesamt 690 wildwachsende und verwilderte Pflanzenarten nachgewiesen. Die Artenzahlen für die einzelnen Friedhöfe waren allerdings sehr unterschiedlich und lagen aufgrund der im Vergleich zum Südwestkirchhof geringeren Größe deutlich niedriger. Die niedrigste lag bei 87 Arten auf dem 3,4 ha großen Britischen Kriegerfriedhof an der Heerstraße. Die höchsten Zahlen konnten mit 329 verschiedenen Arten auf dem 12,2 ha großen Kirchhof der Luisengemeinde am Fürstenbrunner Weg sowie mit 297 verschiedenen Arten auf dem 38,2 ha großen

Waldfriedhof Berlin-Zehlendorf an der Potsdamer Chaussee ermittelt werden.

** Südwestkirchhof Stahnsdorf, Projekt für ein Gesamtkonzept zur Bestandssicherung des Südwestkirchhofes der Evangelischen Kirche Berlin-Brandenburg-Schlesische Oberlausitz in Stahnsdorf mit Fördermittel der Deutschen Bundesstiftung Umwelt. Publiziert von der Stiftung historische Kirchhöfe und Friedhöfe in Berlin-Brandenburg 2004

Flora des Stahnsdorfer Südwestkirchhofes

In dieser Schrift werden häufig anzutreffende oder besonders erwähnenswerte Pflanzen an ihren typischen Standorten beschrieben.

Betrachtet man Waldflächen, die den Südwestkirchhof umgeben, so finden wir hier auf sauren, nährstoffarmen Böden vor allem Arten des Traubeneichen-Kiefernwaldes, der Trockenrasen und der Zwergstrauch-Heiden. Es fehlen vor allem alle Arten mit Ansprüchen auf nährstoffreiche und alkalische Böden.

Viele Arten der ursprünglichen Flora sind heute noch nachweisbar, da die vorgefundene märkische Landschaft in die Gartengestaltung mit einbezogen wurde.

fruchtende Mahonie

Blasenstrauch mit Schoten

Mit Gehölzen aus ortsfernen Baumschulen, mit Grabbepflanzungen und mit Einbringen von Kompost und Torf sind weitere Pflanzenarten gezielt eingebracht oder unbewusst eingeschleppt worden und haben sich zum Teil ausbreiten können. Dadurch hat sich auf diesem Friedhof in den letzten hundert Jahren eine bemerkenswerte und vielfältige Naturausstattung entwickeln können.

Baumbestand an Wegen und Alleen

Jeder Besucher, der den Friedhof durch den Haupteingang betritt, fühlt sich in eine waldartige Parklandschaft versetzt. Der in leichten Kurven verlaufende Hauptweg zur Kapelle mit seinem dichten Waldbestand strahlt eine besondere Ruhe aus.
Dieser Waldbestand am Eingang lässt die ursprüngliche Konzeption der Friedhofsanlage in seinem jetzigen Baumbestand noch erkennen. Die inzwischen alt gewordenen *Kie-*

Eichenallee

Lindenallee

fern des ursprünglichen Bauernwaldes überragen die Unterpflanzungen mit *Birken, Rotbuchen, Stieleichen, Roteichen, Rotfichten, Serbischen Fichten und Douglasien.*

Diese Baumschicht ist wiederum unterpflanzt mit *Eiben, Rhododendren, Haselnuss, Mahonie, Buxbaum, Efeu* und anderen Sträuchern. Dieses Konzept der Bepflanzung ist im gesamten Friedhofsareal wieder zu finden, wenn auch die Zusammensetzung der Baum- und Straucharten in den verschiedenen Teilen unterschiedlich ist.

Zu den besonderen Baumarten zählen zum Beispiel *Nordmanns-Tanne, Weiß-Tanne, Silber-Tanne, Lebensbaum,* rotblättrige Formen von *Buche* und *Ahorn*.

Hänge- oder Trauerformen von Gehölzen, die auf anderen Friedhöfen üblich sind, waren in der ursprünglichen Konzeption nicht vorgesehen und sind daher selten anzutreffen.

Einige Wegen erhielten durch Bepflanzung mit *Linden, Buchen, Fichten* oder *Eichen* einen spezifischen Alleen-Charakter.

Besonders erwähnenswert ist die Kreuzung der Sichtachsen des Neuen Ehrenhains und der Kapellensichtachse, die von dreireihigen *Linden*-Alleen gekennzeichnet ist.

Eine *Fichten*-Allee bestimmt den Charakter der „Neue Umbettung".

Auf dem Weg zum „Neuen Ehrenhain" beginnt am Rondell eine *Birken*-Allee.

Allerdings sind viele früher angelegte Alleen nur noch in Resten erkennbar oder fallen in dem inzwischen dicht und hoch gewachsenen Wald nicht auf.

Brunnenplätze

Als besonderes Gestaltungselement wurden Brunnenplätze an Wegekreuzungen angelegt. Hierdurch ergeben sich interessante Sichtbeziehungen. Unterschiedliche Umpflanzungen charakterisieren diese Plätze. Entweder sind es Hecken aus *Hainbuche, Rotbuche, Lebensbaum* oder *Eibe*, oder es sind

Großsträucher, wie *Rhododendron* und *Eiben,* oder auch *Forsythie, Pfeifenstrauch und Blasenstrauch.*
Die Brunnen sind häufig von Moospolstern und Flechten überzogen, wobei je nach Gesteinsart der Brunnen unterschiedliche, teils sehr seltene Arten zu finden sind. Auch derartige Kleinbiotope gilt es zu erhalten.

Waldbiotope

Auf dem Südwestkirchhof wurde der Kiefernwald mit verschiedenen Baum- und Straucharten unterpflanzt. Diese Pflanzungen sind teilweise zu einem dichten Wald ausge-

Brunnen von Moosen und Flechten überwachsen

Haarmützenmoos

wachsen, so dass man heute kaum etwas von der ursprünglichen Planung erkennen kann. Interessant und wertvoll sind die Altbäume auch als Nistplatz für Vögel, vor allem Höhlenbewohner, für Fledermäuse und Holz bewohnende Insekten. Diese natürliche Waldbildung wird noch durch die Naturverjüngung von *Fichte, Douglasie, Eiche, Hainbuche, Rotbuche* und *Birke* verstärkt.

Die Auswirkungen mangelnder Pflege in den Kriegs- und Nachkriegszeiten zeigen sich vor allem in der Ausbreitung konkurrenzstarker, fremdländischer Arten wie *Robinie* und *Späte Traubenkirsche*, aber auch *Spitzahorn,* die vor allem die wenig gepflegten Grabfelder bereits überwuchert haben.

Von dem ehemals vorherrschenden **Kiefernwald** sind heute noch Altbäume im gesamten Gebiet erhalten geblieben, die ein Alter von über 150 Jahren aufweisen und die Landschaft stark prägen. Allerdings mussten sie bei den Sturmkatastrophen große Verluste hinnehmen.

Als Zeigerpflanzen des ehemaligen Kiefernwaldes können *Blaubeere, Wiesen-Wachtelweizen, Zweiblättrige Schattenblume, Wald-Sauerklee, Schängelschmiele, Adlerfarn* und verschiedene Arten von *Habichtskraut* angesehen werden. Diese Arten sind zum Teil auch typisch für bodensaure Eichenwälder und weisen darauf hin, dass ursprünglich hier die Eiche vor der Kiefernaufforstung eine größere Rolle gespielt hat und dass hier eigentlich ein Standort für einen bodensauren Eichenwald vorliegt.

Der ursprünglich vorgefundene Kiefernwald wurde mit weiteren Baumarten unterpflanzt, vor allem mit *Rotbuche, Eschenahorn, Robinie, Mehlbeere, Weißdorn, Roteiche* und *Ulme* und in der Strauchschicht mit *Buchsbaum, Mahonie, Efeu* und einer Vielzahl an *Rhododendron-* und *Azaleenarten.*

So beherrschen heute die Unterpflanzungen das Bild des ehemaligen Kiefernwaldes.

Kiefernwald am Rande der Kapellen-Sichtachse mit Heidekraut

Wiesen-Wachtelweizen

Adlerfarn

Rotbuchenwald mit Immergrün als Bodendecker

Immergrün

Buschwindröschen

Waldflächen mit hohem **Rotbuchenanteil** finden sich vorwiegend im „alten" Friedhofsteil nördlich der Kapelle. Flächendeckend hat sich hier *Immergrün* ausgebreitet. Die typischen Buchenwaldpflanzen finden sich im Randbereich mit *Buschwindröschen, Hain-Veilchen, Hain-Rispengras, Waldmeister, Salomonssiegel, Maiglöckchen* und *Finger-Lerchensporn. Scilla* ist von Grabbepflanzungen eingewandert. Als weitere Beispiele von Arten, die aus Anpflanzungen verwildert sind, können *Wald-Hainsimse* und *Haselwurz* genannt werden.

Einen dichten **Fichtenwald** findet man östlich des Grabfeldes „Stahnsdorf". Der dichte Bestand lässt keinen Krautwuchs zu.

Im südlichen Friedhofsareal wurden zwischen 1926 und 1930 Ackerflächen mit *Buchen, Birken* und *Fichten*, teils auch mit *Kiefern* und *Douglasien* aufgeforstet. Sie bilden einen ca. 10-25 m breiten Gürtel um das als Landschaftspark gestaltete Friedhofsgebiet. Diese Waldsaumpflanzung sollte den eigentlichen Friedhof von der Umgebung trennen. Die ab Mitte der 1930er Jahre aufgeforsteten Flächen am Wirtschaftshof dienen der Holzgewinnung und somit als Einnahmequelle.

Fichtenwald als Wegbegleiter

Gemeiner Wurmfarn

Wege

Das Wegesystem ist im Stil eines Landschaftsparks nach dem Vorbild von Peter Josph Lenné angelegt. Für den Ausbau der Wege wurden verschiedene Substrate eingebracht, die sich in ihrem Nährstoffgehalt und pH-Wert grundlegend unterscheiden und somit auch für einige Pflanzenarten mit

Forstfläche am südlichen Rand des Kirchhofs

Kahles Bruchkraut

Johanniskraut

besonderen Biotopansprüchen einen günstigen Lebensraum bieten. Kalkhaltiges Substrat am Wegesrand benötigt der blau blühende *Steinquendel* und die *Golddistel*.

Auf den weniger gepflegten Wegen haben sich Humusschichten gebildeten, auf denen Pflanzen mit Anpassungen an diesen Lebensraum sich ansiedeln konnten. Im zeitigen Frühjahr findet man häufig weiße Flecken auf den Wegen. Es sind die Blüten der winzigen *Hungerblümchen*. Die Samen keimen entweder im Spätherbst oder erst im Frühjahr unter Ausnutzung der Winterfeuchtigkeit. Sie bilden nur eine Blattrosette, aus der sich dann ein Blütenstiel mit mehreren Blüten schiebt. In einer kurzen Vegetationszeit reifen die Samen aus. Die Pflanzen überdauern die Sommertrockenheit als Samen.

Etwas später im Jahr treten bei ausreichender Feuchtigkeit an einigen unbeschatteten Stellen sowie auf sandigen Grabfeldern zwei Zwerggräser auf, die in ihrer kurzen Vegetationszeit nur 2-5 cm groß werden. Es sind dieses die *Nelken Haferschmiele* und die *Frühe Haferschmiele*.

Auf Sandwegen, auf denen temporär Wasser sich ansammelt, ist die *Zarte Binse* häufig. Die klebrigen Samen dieser Art werden unter anderem auch durch Schuhsohlen der Besucher verbreitet.

Weitere Arten, die auf wenig gepflegten Wegen auftreten, sind *Graukresse, Vogel-Knöterich, Spitz-Wegerich, Pfennig-Gilbweiderich, Ausdauerndes Weidelgras, Weiß-Klee, Hirtentäschelkraut, Kleiner Klee, Kahles Bruchkraut, Gänseblümchen, Löwenzahn* und *Einjähriges Rispengras.*

Moose und Flechten besiedeln auch Wege und Wegränder.

Sichtachsen

Ein wichtiges Gestaltungselement in der Meyerschen Friedhofskonzeption sind Sichtachsen, die dem Besucher die Größe des Gebietes und seine räumlichen Zusammenhänge erklären sollen. Bei der Anlage wurden geschickt topografi-

sche und naturräumliche Besonderheiten des Gebietes ausgenutzt und durch zusätzliche Bodenmodellierungen und Auslichtungen des Baumbestandes gestalterisch „nachgeholfen". Diese Sichtachsen, Ehrenhaine und Gedenkstätten in Form von gehölzlosen Rasenflächen dienten als „Überraschungseffekte" und Blickbezüge im sonst vorwiegend von Wald geprägten Gelände. Diese Freiflächen wurden randlich mit Bäumen und Sträuchern, vorwiegend auch mit *Rhododendren* bepflanzt.
Bauten, Plätze und Brunnen in den Sichtachsen oder auf axialen Wegen stellen interessante Blickbeziehungen her.

Kapellenachse zwischen der Kapelle am Hauptweg und dem südlichen Parterre des Neuen Ehrenhains ist als Zwergstrauch-Heide angelegt, wobei die bereits vorhandenen Heideflächen mit einbezogen wurden. Die offenen, besonnten Bodenflächen sind teilweise mit niedrigem *Wacholder* bepflanzt. Kennzeichnend für diese Freifläche sind neben *Heidekraut Sand-Strohblume, Berg-Sandköpfchen, Gemeine Grasnelke, Heide-Segge, Heide-Nelke, Schaf-Schwingel, Rotes Straußgras, Johanniskraut, Rispen-Flockenblume, Kleines Habichtskraut, Gamander-Ehrenpreis, Zypressen-Wolfsmilch, Schlängel-Schmiele, Pfeifengras* und *Adlerfarn*.
Die Achse ist seitlich gefasst mit *Kiefern, Birken, Fichten, Felsenmispel* und *Rhododendren*.
Die Kapellenachse wird nicht für Bestattungen genutzt. Nur an der Kapelle sind einige alte Grabstellen vorhanden.

Achse Neuer Ehrenhain – Englischer Soldatenfriedhof
beginnt am Rondell in der Nähe vom Christus-Denkmal, das LUDWIG MANZEL schuf. Die Wiesenflächen am Rondell weisen auf Grund der unterschiedlichen Sonneneinstrahlung jeweils charakteristische Pflanzenarten auf. Im mehr beschatteten Südteil ist *Glatthafer, Scharfer Hahnenfuß* und *Kriechende Günsel* zu erwähnen. Der *Kriechende Günsel* kommt verwildert auch als rotlaubige Gartenform vor.

Im Ostteil wurde *Körnchen-Steinbrech, Sandkresse, Acker-Witwenblume, Heide-Günsel, Gewöhnliche Hainsimse, Berg-Rispengras, Wiesen-Salbei, Echtes Labkraut, Schaf-Schwingel* und *Zittergras* nachgewiesen.

Kapellen-Sichtachse

Gräberfeld für Opfer von Krieg und Gewalt

Heidenelke

Kleines Habichtskraut

Sandköpfchen

Sandstrohblume

Englischer Soldatenfriedhof

Rondell mit Birkenallee und Sichtachsen

Im stark besonnten Nordteil siedeln Elemente des Trockenrasens, wie *Scharfer Mauerpfeffer, Kleines Habichtskraut, Grasnelke, Heide-Nelke, Sand-Strohblume, Quendelblättriges Sandkraut, Johanniskraut, Ruchgras* und *Schaf-Schwingel.*

Die eigentliche Achse in Richtung Neuen Ehrenhain beginnt im östlichen Teil mit einer Birkenallee. Diese führt auf eine schattige Wiese zu, die von den Wegen umgangen wird. Aus der mit ausgedehnten, dunklen Moosrasen bewachsenen

Körnchen-Steinbrech

Heidegünsel

Wiese ragen die leuchtend hellen Halme der *Schlängelschmiele* hervor. Schatten spenden vor allem *Fichten, Rotbuchen, Hainbuchen, Linden, Birken* und *Kiefern.*

Bemerkenswert ist der Schnittpunkt mit der Kapellenachse. Die Sandfläche bietet ein Bild der Heidelandschaft, wobei einige *Birken* und kleine *Kiefern* den Eindruck noch verstärken. Charakteristisch für den interessanten Sandtrockenrasen sind die kleinen silbergrauen Büschel vom *Silbergras*. Dazwischen findet man im Frühjahr die weißen Blüten vom *Bauernsenf* und vom *Frühlingsspark*. Die *Sandsegge* treibt lange Ausläufer und die einzelnen Pflanzen erscheinen wie auf einer Kette aufgereiht. Große Flächen sind auch von silbrigen *Flechten* und braunen *Moosen* bedeckt. Die rötliche Färbung vom *Kleinen Sauerampfer* belebt diesen Lebensraum, der auch von der Zauneidechse gern als Sonnenplatz aufgesucht wird. Auf diesen Flächen breitet sich auch das *Heidekraut* aus.

Heidelandschaft „Neuer Ehrenhain"

Flechten

Silbergras

Im westlichen Teil werden die um den Neuen Ehrenhain laufenden Wege wieder zusammen geführt. Dadurch ergibt sich auch durch die Waldkante eine eingeengte Sicht auf das Denkmal des Englischen Soldatenfriedhofes (Hochkreuz mit Bronzeschwert).

Sichtachse „Lietzensee"

Wiesen-Glockenblume   Golddistel

Am Waldrand des westlichen Teils der Sichtachse ist als Besonderheit die *Golddistel* zu nennen, ein seltenes und gefährdetes „Weideunkraut", dessen Blüten sich bei Regenwetter schließen und bei Sonnenschein sich ausbreiten. Daher auch die Bezeichnung Wetterdistel.

Lietzenseeachse zwischen Unterstellhäuschen am Hauptweg über Brunnen bis zu einem nordwestlich gelegenen Rondell ist eine mittig angelegte Rasenfläche, die nicht für Bestattungen genutzt wird. Sie ist durch *Kiefern, Birken, Fichten, Eiben, Rhododendren* und Ziersträuchern eingerahmt. Auf dieser Rasenfläche sind *Wiesen-Glockenblume, Heide-Nelke, Kriechender Günsel, Grasnelke* und *Körnchen-Steinbrech* auffällige Pflanzen.

Kriegsgräberfeld Epiphanien für Opfer von Krieg und Gewalt 1939 - 1945 ist eine lang gestreckte Wiesenfläche mit flachen Kissensteinen. 6 Säuleneichen und eine Stele betonen den Ernst dieses Feldes.

Der Rasen wird kurz gehalten. Doch immer sind auch blühende Pflanzen zu entdecken. Im Frühling fallen hier *Gänseblümchen* und im Sommer *Margariten* und *Wiesen-Glockenblumen* auf. Bunte Tupfer auf der Fläche bilden *Schmalblättrige Wicke, Gamander-Ehrenpreis, Quendelblättriger Ehrenpreis, Gundermann, Purpurrote Taubnessel, Kriechendes Fingerkraut, Weicher Storchschnabel, Hopfenklee, Wiesen-Klee* und *Weiß-Klee*.

Diese Fläche wird von einer Rotbuchenhecke eingerahmt. Die Waldkante besteht aus *Kiefer, Stieleiche, Roteiche, Robinie, Birke, Bergahorn, Rotbuche, Hainbuche, Traubenkirche, Eschenahorn* und *Fichte*.

Heldenblock für die Toten des ersten Weltkrieges ist eine sehr eindrucksvolle Anlage mit einem Gräberfeld mit einheitlichen Kreuzen in einer Senke mit dem Blick auf ein hohes Kreuz. Alte Kiefern geben dem Ganzen einen würdigen Rahmen.

Heldenblock mit alten Kiefern

Rasenflächen

Rasenflächen sind kleinflächig im gesamten Gelände vorhanden, zum Teil als Weg begleitende Flächen, an Plätzen oder Grabfeldern. Sie werden unterschiedlich gepflegt. Extrem intensiv wird der Rasen auf dem englischen und italienischen Friedhof behandelt mit häufigem Schnitt, Beregnung und Düngung. Hier haben wild wachsende Kräuter kaum Chancen einer Ausbreitung.
Die weniger intensiv gepflegten Rasenflächen dagegen können bunte Blütenteppiche bilden.
Auf frischen Wiesen trifft man auf *Wiesen-Glockenblume, Rundblättrige Glockenblume, Wiesen-Bärenklau, Wiesen-Flockenblume, Wiesen-Klee, Echtes Labkraut, Kriechendes Fingerkraut, Acker-Witwenblume, Wiesen-Bocksbart, Wiesen-Sauerampfer, Schafgarbe und Wiesen-Rispengras,*

Rundblättrige Glockenblume

Acker-Glockenblume

Schwarze Königskerze

Gemeine Braunelle. Trockenere Flächen sind gezeichnet durch *Ruchgras, Acker-Hornkraut, Knaulgras, Acker-Glockenblume, Gemeinen Natternkopf, Schwarze Königskerze, Ausdauerndes Weidelgras, Rot-Schwingel, Wiesen-Platterbse, Bastard-Luzerne.*

Auf sandigen, stark besonnten Flächen treten an verschiedenen Stellen des Friedhofs Sand-Trockenrasen auf mit *Schaf-Schwingel, Scharfem Mauerpfeffer, Rispen-Flockenblume, Sand-Vergissmeinnicht, Sand-Strohblume, Einjährigem Knäuel, Quendel-Sandkraut, Zypressen-Wolfsmilch, Hopfenklee, Hasen-Klee, Feld- Stiefmütterchen und Silber-Fingerkraut*. Es sind sehr wertvolle Biotope auch für Eidechsen, Schmetterlinge und Heuschrecken und müssen weiter offen gehalten werden, um eine Verbuschung zu verhindern.

Gräber- und Grabfeldbepflanzung

Auf Grabfeldern und Gräbern ist der Boden durch Grabungen, Auftragen von Kompost und Torf, Düngung und Bewässerung verändert worden, um den verschiedenen Anpflanzungen einen günstigen Standort zu bereiten. Aus der Artenfülle von Schmuck- und Ziersträucher sind erwähnenswert *Azaleen, Kalmien, Mahonie, Stechpalme, Rosen, Forsythie, Flieder, Schneebeere, Rote Heckenkirsche, Schneeball, Holunder, Wacholder, Ginster, Zwergmispeln, Hortensie und Heidekrautgewächse*.
Einige Pflanzen wurden auch als Hoch- und Halbstämme gepflanzt.

Wissinger-Grab von Max Taut, mit Gräsern bepflanzt

Dorniger Wurmfarn auf Gräbern verwildert

Die reichen Rhododendrenbestände sind besonders im „alten" Friedhofsteil nördlich der Kapelle zur Blütezeit besonders sehenswert.

An Schling- und Kletterpflanzen findet man *Wilden Wein, Clematis, Blauregen, Efeu, Jelängerjelieber* und *Winden-Knöterich.*

Als Bodendecker wurden hauptsächlich *Efeu* und *Immergrün* verwendet. Ein anderer in neuerer Zeit häufig verwendeter Bodendecker ist *Pachysandra,* auch *Schattengrün* genannt.

Daneben kommen verschiedene Zwiebelgewächsen, wie *Schneeglöckchen, Hyazinthen, Tulpen, Krokusse, Narzissen* und *Blaustern* auf den Grabstellen zum Blühen, die sich aber auf den meist kargen, trockenen Sandböden nicht lange halten und sich auch kaum ausbreiten können.

Neben niedrigwüchsigen Stauden wie *Primeln, Hornveilchen, Vergissmeinnicht* und *Leberblümchen*, wurden auch höherwüchsige Blütenstauden wie *Akelei, Rittersporn, Margeriten, Funkien, Eisenhut, Herbstastern, Pfingst- und Christrosen, Goldraute, Astilben* und *Tränendes Herz* gepflanzt.

Niedrige geschnittene Hecken mit *Buxbaum* dienen der internen Gliederung des Grabfeldes, höherwüchsige, geschnittene Hecken bildeten Raumgrenzen zwischen den einzelnen Grabfeldern und Wegen.

Vorrangig wurden Heckenpflanzungen aus *Hainbuche, Rotbuche, Lebensbaum, Eibe, Liguster* und *Hartriegel* verwendet.

Von diesen Grabbepflanzungen haben sich nachweislich einige Arten weiter ausgebreitet, wie *Gemeine Akelei*, von der am Weg hinter dem Christus-Denkmal wenige Exemplare mit gefüllten schwarzvioletten Blüten vorkommen.

Oder die *Pfirsichblättrige Glockenblume*, die kleine Vorkommen in den Rasenflächen aufweist. Möglicherweise könnten die Bestände auch aus natürlichem Vorkommen herrühren.

Lebensbäume am Schwedischen Friedhof

Trauerbuche

Säulenform von Lebensbaum und Wacholder, dahinter Serbische Fichte

Zuckerhut-Fichte

Ausgebreitet haben sich auch Farne, vor allem *Dorniger Wurmfarn* und *Gemeiner Wurmfarn*, die ursprünglich häufig auf Grabstellen gepflanzt wurden und die sich von diesen Grabstellen in die Umgebung ausgebreitet haben.

Darüber hinaus sind friedhofstypische Sonderbiotope, wie kalkhaltige Mauern, Grabsteine und Findlinge, wertvolle Lebensräume für Flechten, Moose und Kleinlebewesen.

Alte Grabstellen sind häufig mit *Efeu* überwachsen oder bilden nur noch ein Moospolster. Auch derartige Biotope sollten hier und da erhalten bleiben, sie sind nicht nur für den Botaniker interessant, sondern auch für den nach Motiven suchenden Fotografen.

Aufgelassene Flächen, Kompostplätze

Durch Einbringen von Kompost siedeln sich typische Stickstoff liebende Pflanzen an, wie *Große Brennnessel, Vogelmiere, Stumpfblättriger Ampfer, Weißer* und *Unechter Gänsefuß*. Auf aufgelassenen Flächen und beräumten Flächen nach Sturmschäden findet man häufig *Kanadische Goldrute, Rainfarn, Wege Rauke, Acker-Kratzdistel, Giersch, Knoblauchsrauke, Weiche Trespe, Große Klette, Nachtkerze* und *Kanadisches Berufskraut*.

Lanzett-Kratzdistel

Giftbeere

Auch ausgesprochene Seltenheiten können sich ausnahmsweise auf den Kompostplätzen einfinden, wie das *Schlangenäugelein*. Die Hauptverbreitung dieser Art liegt im Bereich der Oder und in Thüringen. In unserer Gegend ist diese Art selten anzutreffen und bevorzugt stickstoffreiche Standorte.
Auch der *Stechapfel* und die *Giftbeere* können sich auf dem Kompostplatz mächtig ausbreiten.

Schlussbetrachtung

Auf dem Stahnsdorfer Südwestkirchhof, der zweitgrößten Friedhofsanlage in Deutschland, wurde eine außergewöhnlich hohe Artenzahl von Tieren und Pflanzen nachgewiesen. Der Artenreichtum hat verschiedene Ursachen:
Die Ausgangssituation war der Bauern-Kiefernwald, der über Jahrhunderte als Wald- und Heidegebiet genutzt wurde. Neben einer Bau- und Brennholznutzung unterlag der Wald vermutlich auch einer Beweidung und Streunutzung. Diese Nutzungsart führte auf dem bodensauren, sandigen Standort zur Nährstoffarmut. Der ursprünglich lockere Traubeneichen – Kiefernwald wurde vor mehr als 100 Jahren in einen Kiefernforst umgewandelt.
Bei der naturnahen Gestaltung des Friedhofs wurde der vorgefundene Kiefernwald mit einbezogen, so dass auch die ursprünglich vorhandenen Pflanzenarten des Kiefern-Traubeneichenwaldes, der trockenen Heiden sowie der Trockenrasen sich erhalten haben. Unter diesen gibt es zahlreiche gefährdete Arten, wie *Heide-Nelke, Heide-Günsel, Sand-Strohblume, Gemeine Grasnelke, Heide-Segge, Nelken-Haferschmiele* und *Frühe Haferschmiele*.
Bei der Umgestaltung zum Friedhof hat die Unterpflanzung des Kiefernforstes mit Laubbäumen zu einer gewissen Anreicherung von Nährstoffen geführt, so dass auch Pflanzen des Buchenwaldes sich ansiedeln und ausbreiten konnten, wie *Buschwindröschen, Haselwurz, Breitblättrige Ständel-*

wurz, Echte Sternmiere, Nickendes Perlgras und *Knolliger Hahnenfuß.*

Die alten Rasenflächen an Wegen und Plätzen sind kaum erneuert worden und wurden vermutlich nicht oder nur wenig gedüngt. Außer regelmäßiger Mahd und Laubharken war keine weitere Pflege möglich. Diese Situation war aber positiv für die Ansiedlung von Pflanzen verschiedener Wiesengesellschaften. Bemerkenswert sind *Wiesen-Glockenblume, Rundblättrige Glockenblume, Zittergras* und *Körnchen-Steinbrech.*

Eine Reihe von Arten ist sicher als so genannte Grassamenankömmlinge in das Gebiet gelangt. Diese wurden unabsichtlich als Saatgutverunreinigungen, vermutlich bereits im Rahmen der Gestaltung des Kirchhofes, mit Rasenansaaten eingebracht. Als typische Arten sind zu nennen *Schmalblättrige Hainsimse, Berg-Rispengras* und *Wiesen-Salbei.* Diese artenreichen Blumenwiesen sind eine Bereicherung des Friedhofs und müssen sowohl für die Natur als auch für den Besucher erhalten bleiben.

Bei der Anlage von Wegen und Plätzen wurde Material verschiedener Herkünfte eingebracht, so dass auch neue Biotope geschaffen wurden, wie für die kalkliebenden Pflanzen *Gemeiner Steinquendel* oder *Golddistel.* Es ist nicht notwendig, alle Wege bis zur Rasenkante völlig von Pflanzenwuchs zu reinigen. Auf Nebenwegen kann durchaus eine zwar kurz gehaltene Pflanzendecke eine Bereicherung sein.

Auch die Grabsteine und Grabmale sind aus unterschiedlichem Gestein hergestellt. Auf und an ihnen wurden zum Teil seltene Moose und Flechten festgestellt, die streng an die Gesteinsart angepasst und nur an diesen zu finden sind. Auch hier können einige bemooste Grabmale, Mauern und Brunnen den Friedhof in ästhetischer und botanischer Sicht bereichern.

Breitblättriger Stendelwurz

Blutroter Storchschnabel

Lorbeerrose

Auf Grund der besonderen politischen Umstände in der Nachkriegszeit von 1945 bis 1990 war es für die Berliner kaum mehr möglich, Bestattungen und Pflege ihrer Grabstellen vorzunehmen. Diese Nutzungseinschränkung führte zwangsläufig auch zu einer Konzentration der Pflege auf bestimmte Bereiche. In den weniger gepflegten Teilen konnte eine starke Naturverjüngung von Bäumen auch alte Grabstellen überwuchern. Besonders stark in Ausbreitung ist die *Amerikanische Traubenkirsche* und der *Spitz-Ahorn*. Auch beim *Berg-* und *Feld-Ahorn* kann man stellenweise verstärkte Naturverjüngung beobachten. Einige fremdländische Koniferen, wie die aus Nordamerika stammende *Douglasie* und die nicht gebietstypische Hoch- und Mittelgebirgsarten, wie die *Europäische Lärche* und die *Gemeine Fichte*, die hier angepflanzt wurden, weisen in der Nähe der Samenbäume Naturverjüngung auf.

Verwilderungen finden sich recht häufig bei *Efeu*, *Eibe*, *Mahonie*, *Buchsbaum*, *Zwergmispel* und vereinzelt auch bei *Stechpalme* und *Rhododendron*.

Einige Zierpflanzen verwildern und können sich in mehr oder weniger großen Beständen etablieren. Auch wenn nicht in jedem Fall die Herkunft einzelner Arten sicher rekonstruiert werden kann, so lässt sich für die meisten Arten nachvollziehen, wie sie vermutlich ins Gebiet gelangt sind: es gibt eine Gruppe der verwilderten nicht gebietstypischen Gehölze und Zierpflanzen, die aus gestalterischen Zwecken gepflanzt worden sind. Daneben gibt es die Gruppe der Stauden, Gräser und Zwiebelpflanzen, die ebenfalls aus Pflanzungen verwildert sind.

In Zukunft müssen aus ökonomischen Gründen die Pflegemaßnahmen auf bestimmte Schwerpunkte konzentriert werden. Das gibt aber auch die Chance, die vom Naturschutz als wertvoll eingestuften Flächen zu erhalten und gezielt zu fördern. Zu den wertvollen Friedhofsbiotopen gehören unter anderem Gras- und Staudenfluren sehr nährstoffarmer trokkener bzw. feuchter Standorte, Zwergstrauch-, Sand- und

Besenginsterheiden sowie Wacholdergebüsche, oder bestimmte Waldtypen wie Eichenwälder und Buchenwälder. Alleen mit alten, einheimischen Baumarten gehören neben ihrer Landschaftsbild prägenden Funktion ebenfalls zu den ökologisch wertvollen Biotopen

Somit ist der Südwestkirchhof in Stahnsdorf durch seine einzigartige Friedhofsgestaltung und besondere Artenvielfalt zunehmend auch ein Anziehungspunkt für Liebhaber und Fachleute der Flora und Fauna.

Die vorstehende Arbeit basiert auf Untersuchungen von Bernd Machatzi und Gerhard Casperson im Rahmen des DBU-Projektes Südwestkirchhof Stahnsdorf.
Projekt für ein Gesamtkonzept zur Bestandssicherung des Südwestkirchhofes der Evangelischen Kirche Berlin-Brandenburg-schlesische Oberlausitz in Stahnsdorf mit Fördermitteln der Deutschen Bundesstiftung Umwelt, Berlin 2004

Louis Meyer und das gestalterische Konzept des Südwestkirchhofs

von Thomas Marin

Das Bestattungswesen in Berlin zu Beginn des 20. Jahrhunderts

Die Gründung des Südwestkirchhofs der Berliner Stadtsynode in Stahnsdorf steht in engem Zusammenhang mit der Entwicklung Berlins als Reichshauptstadt seit 1871. Zusammen mit den umliegenden Städten und Gemeinden, die erst 1920 mit der Hauptstadt zu Groß-Berlin vereinigt wurden, war Berlin am Beginn des 20. Jahrhunderts zur drittgrößten Metropole Europas angewachsen. Für die mehr als 3 Millionen Menschen, die hier im Jahr 1902 lebten wurde Platz benötigt: zum Wohnen, zum Arbeiten, für die Erholung und natürlich auch für die Bestattung der Toten. Die klassische Verbindung zwischen Kirchengemeinde und Gottesacker hatte sich bereits seit Beginn des 19. Jahrhunderts durch das Preußische Landrecht gelockert, das die Bestattung der Toten in den bewohnten Gebieten untersagte. Die rasant wachsenden Kirchengemeinden der Stadt stellte das Bevölkerungswachstum vor immense Probleme, zu denen die Reorganisation des Bestattungswesens gehörte. Als Rechtsträger der evangelischen Kirchengemeinden war im Mai 1895 der „Stadtsynodalverband der Haupt- und Residenzstadt Berlin" gegründet worden, der unter anderem für die Beschaffung von Friedhofsflächen verantwortlich war.

Die staatlichen Stellen Preußens und die Kommunalverwaltung begannen zu dieser Zeit, zusätzlich zu den Sachzwängen Druck auf die Kirche auszuüben. Man signalisierte, daß innerhalb der engeren Grenzen des Siedlungsgebietes Berlins und der umliegenden Gemeinden keine neuen Friedhöfe mehr genehmigt werden würden. Zur Vorgabe, außerhalb der vorgegebenen Grenzen große Zentralfriedhöfe anzulegen, kam die Drohung hinzu, man werde als Kommune die Anlegung derartiger Großfriedhöfe veranlassen, falls die kirchlichen Stellen nicht reagierten. Im November

1901 wurde daher in einer gemeinsamen Konferenz von Vertretern der preußischen Staatsregierung und der evangelischen Kirche beschlossen, weit außerhalb der Stadt Flächen für Zentralfriedhöfe anzukaufen, die unter Nutzung der modernen Verkehrsmittel an die Stadt anzubinden seien. Aus den Kirchengemeinden gab es nicht geringen Widerstand, bedeutete doch der Zentralfriedhof den Verlust der engen Verbindung zwischen Gemeinde und Friedhof. Erhebliche Veränderungen in der Trauerkultur und zusätzlicher Aufwand für die bestattenden Geistlichen waren zu erwarten. Die Entwicklung zum Großfriedhof ließ sich dennoch nicht aufhalten, die Stadtsynode erwarb Gelände in Ahrensfelde, Mühlenbeck und Stahnsdorf, um je einen Friedhof für den Ost-, Nord- und Südwestteil Berlins einzurichten. Den Kirchengemeinden kam man insofern entgegen, als innerhalb der Gesamtanlage gesonderte Flächen für die einzelnen Gemeinden ausgewiesen wurden, die sich in Stahnsdorf in den Bezeichnungen der Blöcke bis heute erhalten haben, wenn auch das Belegungsrecht und die Identifikation mit einem Begräbnisblock verloren gingen.

Waren die eher technischen und juristischen Fragen nach der Lage, Größe und Ausstattung der neuen Zentralfriedhöfe, nach Belegungsrechten und Verkehrsanbindungen auch für die Gestaltung der Anlagen von Bedeutung, kam die allgemeine Entwicklung der Friedhofskultur hinzu. Seit Mitte des 19. Jahrhunderts hatte sich der Blick auf Natur und Landschaft unter dem maßgeblichen Einfluß Peter Joseph Lennés gewandelt und auch die Friedhofsgestaltung beeinflußt. Dem reinen Begräbnisplatz, der seiner natürlichen Verbindung zum Gotteshaus beraubt zur trostlosen Nekropole verkam, sollte durch eine ansprechende Gestaltung eine neue Qualität gegeben werden. Zum Bestreben, den Friedhof zu einem würdigen Ort der Trauer und Erinnerung für die Hinterbliebenen bei gleichzeitiger Wahrung organisatorischer Überschaubarkeit zu machen, gesellte sich künstlerischer Ehrgeiz der Gärtner und Landschaftsarchitekten. Parallel zu den deutschen Bestrebungen kam aus den USA das Vorbild des Parkfriedhofs, der für einige Jahrzehnte zum bevorzugten Friedhofsmodell wurde. Bis zum Beginn des 20. Jahrhunderts entstanden so Landschaftsparks mit Gräbern, die teilweise kaum noch als Friedhof erkennbar, mit ihren Teichen, Skulpturen, Brunnen und Parkbänken dagegen den Eindruck eines Naherholungsgebietes vermittelten. Die Antwort auf diese Entwicklung war der Waldfriedhof, dessen schlichtere Erscheinung dem Anspruch der trauernden Hinterbliebenen ebenso entsprach, wie dem wachsenden Naturempfinden und dem Bemühen um eine kostengünstige Gestaltung der Anlagen.

Friedhofsareal und Gestaltungswettbewerb

Nach längeren Verhandlungen wurde im April 1902 der Kaufvertrag über eine Fläche von gut 156 Hektar zu einem Preis von 1,044 Millionen Mark zwischen der Stadtsynode und der Terraingesellschaft Stahnsdorf GmbH geschlossen. Das Gelände, westlich des Stahnsdorfer Ortskerns am Rand der Parforceheide und südlich des damals im Bau befindlichen Teltowkanals gelegen, bestand zu etwa zwei Dritteln aus Kiefernwald unterschiedlichen Alters und Heideflächen. Die Vorarbeiten für die Inbetriebnahme, die im Jahr 1905 erfolgen sollte, verzögerten sich. Probebohrungen für die Wasserversorgung und die Einfriedung des Areals mit einer Weißdornhecke bildeten die erste Phase. In den folgenden Jahren wurde eine Gärtnerei mit Baumschule im Südwesten, um den späteren Wirtschaftshof, eingerichtet. Das Gelände, das bis etwa 8 Meter Höhenunterschiede aufweist, sollte keinen größeren Erdarbeiten unterzogen und der Waldbestand erhalten und aufgewertet werden. Schon für 1905 hatte man daher im Haushalt den Kauf von 30.000 jungen Laub- und 5.000 Nadelbäumen zur Weiterkulturierung vorgesehen. Um die Vorbereitungen voranzubringen, wurde im September 1907 schließlich ein Gestaltungswettbewerb ausgerufen, der vorsah, „daß sich für die Bearbeitung Architekten und Gartenkünstler vereinigen." In der Ausschreibung wurde die Gestaltung von 110 Hektar Fläche sowie die Entwürfe für sämtliche Baulichkeiten inner- wie außerhalb des Friedhofs gefordert. Neben Begräbnisblöcken für etwa 21 Kirchengemeinden mit einer Einwohnerzahl von etwa 600.000 Menschen, einer Kirche und sieben Kapellen, Wirtschafts- und Verwaltungsbauten nebst Wasserturm, Bewässerung und Beleuchtung war die „Wegeführung und Anlage einfach und zweckmäßig" zu gestalten. Die Anbindung an einen separat zu planenden Bahnhof gehörte ebenso zur Ausschreibung wie die Forderung, „künstlerische Ausdrucksmittel für eine Friedhofsanlage zu erhalten, die dem Empfinden der evangelischen Bevölkerung Norddeutschlands zusagt

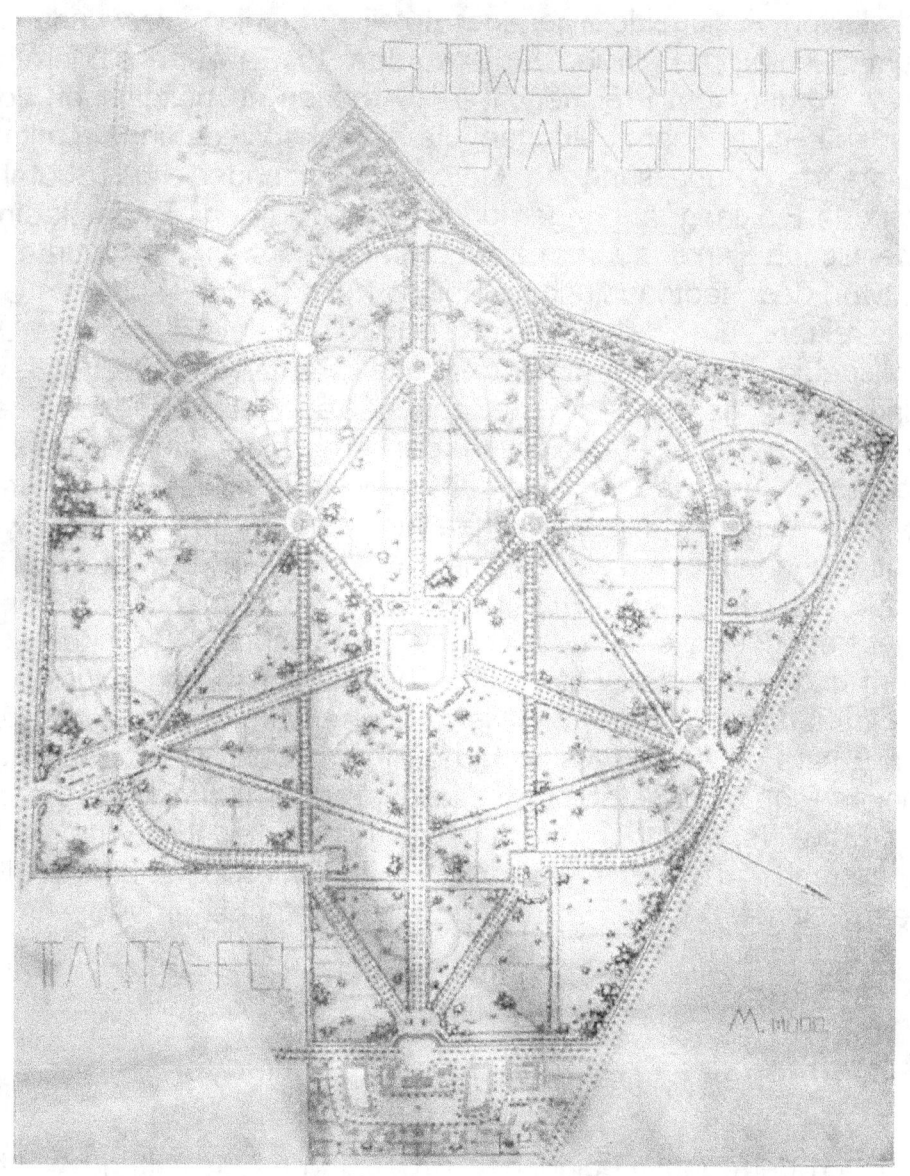

„Panta Rhei", der Siegerentwurf von Nitze und Thieme

und vertraut ist." Für die Bewertung der eingereichten Beiträge wurde eine neunköpfige Jury gebildet, zu der neben den Gartengestaltern Vogeler und Alexander Weiß auch die Architekten Oskar Hoßfeld und Georg Büttner sowie der Bildhauer Eugen Boermel gehörten. Angesichts der komplexen Anforderungen, die sich teilweise ausschlossen und die enge Zusammenarbeit von Architektur und Landschaftsgestaltung voraussetzten, war die trotz des attraktiven Preisgeldes geringe Beteiligung nicht verwunderlich. Zum Stichtag 1. Februar 1908 wurden 15 Entwürfe eingereicht. Zwar wurden vom Preisgericht fünf Arbeiten ausgezeichnet, doch war es keinem Team gelungen, die einfache Wegeführung mit der geforderten Anpassung an Geländebedingungen und Baumbestand in Einklang zu bringen und gleichzeitig den „Eindruck eines öffentlichen Parks" zu vermeiden. Mit dem ersten Preis wurde ein Entwurf des Stadtbaudirektors Philipp Nitze und des späteren Gartendirektors aus Wilmersdorf, Richard Thieme, bedacht. Das Preisgeld für die Arbeit unter dem Titel „Panta Rhei" fiel mit 4.500 Mark allerdings um ein Viertel geringer aus, als ausgeschrieben. Wie der zweitplazierte Entwurf der Architekten Jürgensen und Bachmann und des Gartenarchitekten Hallervorden aus Charlottenburg stand der Nitze-Thieme-Plan ganz im Zeichen der Symmetrie und sah eine zentrale Friedhofskirche vor. Der Titel der mit 3.500 Mark bedachten Arbeit der Charlottenburger war dabei sicher treffender, als der des Siegers: „Übersichtlich". Architekt Paul Korff und der Gartengestalter Reinhold Hoemann aus Düsseldorf gewannen den dritten Preis, vierte Preise wurden an die Architekten Ernst Förster und Hans Bernoulli vergeben. Wenn auch Hoemanns Plan nicht so stark an starren Formen hing, wie die anderen Entwürfe, fand doch auch er keine Umsetzung auf dem Südwestkirchhof. Trotz diverser Anregungen schien keine der Arbeiten dem Gelände und der Erhaltung des vorgefundenen Waldcharakters zu entsprechen.

Gestaltung des Friedhofs durch Louis Meyer

Nach dem unbefriedigenden Ergebnis des Gestaltungswettbewerbs nahm die Stadtsynode die Gestaltung des Südwestkirchhofs mit eigenen Kräften in Angriff. Der bereits mit Friedhofsangelegenheiten befaßte Gartenoberinspektor und spätere Gartenoberingenieur Louis Meyer war neben dem Ostfriedhof in Ahrensfelde und der Sorge um die Gärtnereien und Baumschulen der Stadtsynode bereits vor dem Wettbewerb für den Stahnsdorfer Friedhof zuständig. Am 31. März 1877 in Berlin geboren, folgte Louis Meyer nicht dem beruflichen Weg seines Vaters, der in der Chausseestraße eine Weinhandlung und Likörfabrik betrieb. Mit 16 Jahren begann er eine Gärtnerlehre, an die sich ein Volontariat am Botanischen Garten zu Berlin anschloß. Tätigkeiten in Gärtnereien in Colmar und Mainz folgten, und ab 1898 war er für zwei Jahre in der gräflichen Arnimschen Baumschule in Muskau tätig. Von 1900 bis 1902 besuchte Meyer schließlich die von Lenné gegründete Königliche Gärtnerlehranstalt in Potsdam-Wildpark. Seine guten Leistungen fanden in einem Stipendium der Gärtnerlehranstalt Ausdruck, mit dem er eine Studienreise zu den Schloßgärten Oberbayerns unternahm. Bei der Neugestaltung der Beelitzer Heilstätten bezog Gartenbaudirektor Koopmann ihn als Gartentechniker mit ein. Erst 26-jährig erhielt er schließlich im Herbst 1903 eine Anstellung bei der Stadtsynode, die ihn nicht nur mit der Anlage der neuen Zentralfriedhöfe betraute, sondern ihn auch als Sachverständigen für andere Friedhöfe einsetzte. In vollem Umfang konnte Louis Meyer seine gartengestalterische Handschrift jedoch vor allem in Stahnsdorf hinterlassen. Die Einflüsse Lennés wirkten sich dabei in seiner Arbeit in Stahnsdorf ebenso aus wie das Vorbild des ersten deutschen Waldfriedhofs, der ab 1905 von Hans Grässel in München angelegt wurde. So zeigt etwa die Eingangsgestaltung an der Bahnhofstraße eine deutliche Nähe zum Münchener Vorbild, von dem Meyer offensichtlich beeinflußt war.

Im Gegensatz zu den am Reißbrett entstandenen Wettbewerbsentwürfen orientierte sich Meyer an den Geländeformen, die er in die Planung der Wege und Begräbnisblöcke einbezog. So entstand ein Plan, der durch unregelmäßige Linienführung und den Verzicht auf große Zusammenhänge geprägt war. In weitem Schwung wurde der heutige Hauptweg zum Ort der Friedhofskapelle geführt, bewußt auf eine Sichtbeziehung zwischen Eingang und Kapelle verzichtend, wie sie auf anderen Friedhöfen der Regelfall ist. Mit der Anlage der Kapelle im nördlichen Teil des Kirchhofs wurde ein zentraler Ort geschaffen, der aber ursprünglich nur für die zuerst entwickelten Begräbnisblöcke gedacht war. In den Jahren 1908 bis 1911 nach Plänen des Architekten und Königlichen Baurats Gustav Werner, der auch für andere Kirchbauten der Stadtsynode verantwortlich zeichnete, errichtet, fügte sich die Kapelle ideal in das Gelände ein. Meyer und Werner bildeten für die Gestaltung der Anlage das ideale Gespann. Meyer entwickelte den märkischen Bauernwald zu einem abwechslungsreichen Landschaftspark, in den sich Werners Holzbauten organisch einfügten. Die Kapelle, nach Formen norwegischer Stabkirchen ganz aus Holz gebaut, bildet den nördlichen Bezugspunkt einer Sicht-

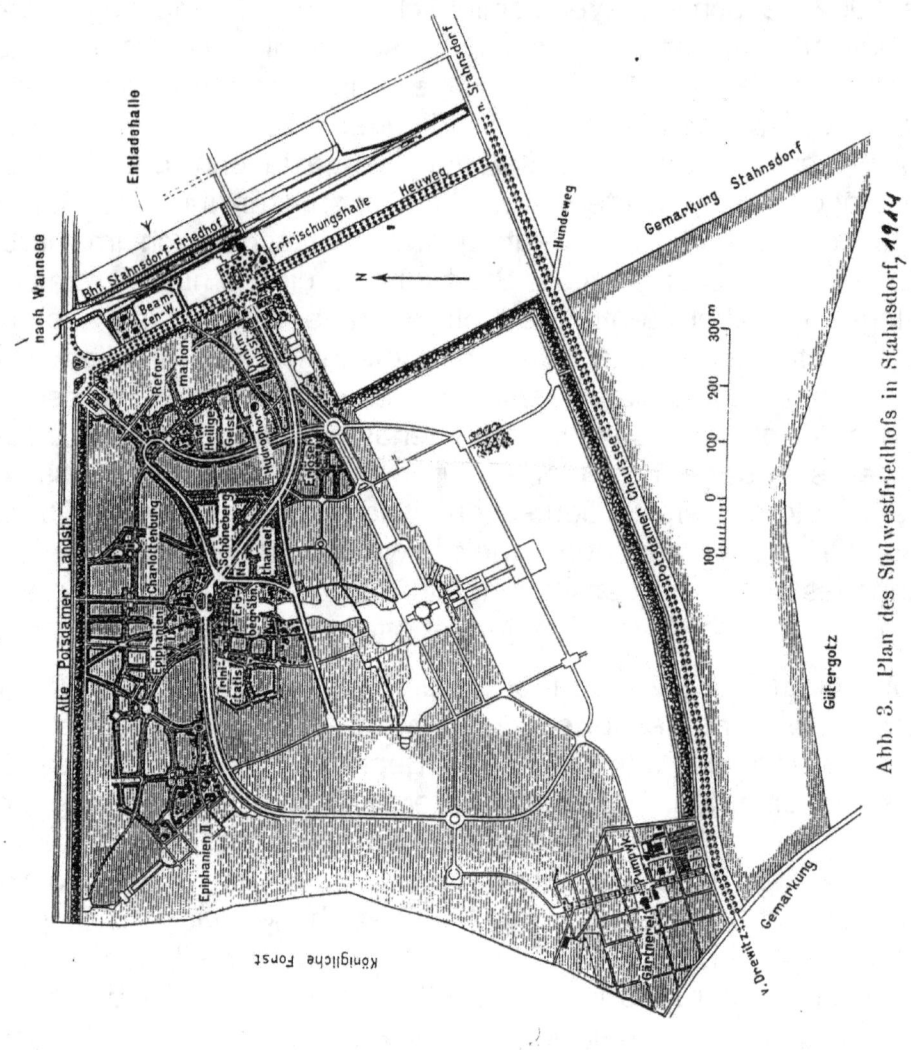

Abb. 3. Plan des Südwestfriedhofs in Stahnsdorf, 1914

achse, die sich durch ein natürliches Heidetal anbot, dessen Fortsetzung dem angrenzenden Wilmersdorfer Waldfriedhof besonderen Reiz verleiht. Die asymmetrische Gestaltung der Kapellenfront unterstützt die Einbettung in die umgebende Waldsituation. Neben dem aufstrebenden Giebel der Kirche, die innen das Motiv der dreischiffigen Basilika aufnimmt, schließen rechts und links der niedrige Turm mit schlankem Helm und ein Treppenanbau an. Das

Dach der Vorhalle verbindet die Bauteile, an die sich nach links die kleine Nebenkapelle anschließt. In ähnlichem Stil wurde unweit der Kapelle ein Toilettenhäuschen errichtet. Nach Bauform und Lage mitten im Wald bietet sie den äußeren Eindruck einer kleinen Waldkapelle, ein Motiv, das allerdings ebenfalls kaum in Verbindung zum „Empfinden der evangelischen Bevölkerung Norddeutschlands" stehen konnte. Gerade das Kapellenensemble mit den umliegenden, nach Form und Größe unregelmäßigen Grabfeldern zeigt aber die eigenständige künstlerische Gestaltung, in die sich spätere Ergänzungen harmonisch einfügen ließen. Repräsentative Mausoleen, besonders das der Familie Caspary, monumentale Anlagen wie die der Familie Siemens oder der Schwedenblock prägen zwar die jeweilige Einzelsituation, verändern die ruhige und eher schlichte Gesamtatmosphäre aber kaum. Andere Grabanlagen, wie das Garnisongrab in unmittelbarer Kapellennähe sind sogar so eingebunden, daß sie trotz Ausschilderung nur von Insidern wahrgenommen werden.

Noch dezenter als die Kapelle fügen sich die anderen Bauten in die landschaftliche Gestaltung des Kirchhofs ein. Die Torgebäude, als Pförtnerhaus und Blumenhalle genutzt, sind in schlichter Blockbauweise und naturnaher Farbgebung im Jahr 1909 errichtet worden. Vorgesetzte Laubengänge verleihen diesen Zweckbauten einen eigenen Reiz, der durch die Einbettung in den weiträumigen Eingangsbereich verstärkt wird. Im gleichen Jahr entstand in ähnlichem Stil das erste Verwaltungsgebäude, das aber von vornherein als Provisorium gedacht war und in seiner Funktion Anfang der 1930er Jahre durch den heutigen Klinkerbau ersetzt wurde. Als Gärtnerei- und Wohnhaus stand es bis in die 1990er Jahre und mußte abgerissen werden.

Weitere Bauten wurden entweder im Wald verborgen, oder in die Landschaftsgestaltung einbezogen. Das Belegschaftshaus, zentral in einer flachen Senke gelegen, ist für Friedhofsbesucher kaum zu finden, war aber dennoch mit Fachwerkelementen und Reetdach reizvoll gestaltet. Direkt am weiten Bogen des Hauptwegs gelegen, bildet das Unterstellhaus am Block Lietzensee innerhalb einer Sichtachse einen reizvollen Blickfang und bietet mit seinen Arkaden attraktive Durchblicke.

Der damals bis zu 80 Jahre alte Kiefernwald wurde durch Nachpflanzungen verjüngt und ergänzt und durch andere Gehölze durchbrochen oder unterpflanzt. Bis 1926 wurden dabei 80.000 junge Kiefern gepflanzt, die damit bis heute den Kirchhof dominieren. Hinzu kamen 1.600 Birken, 1.000 Buchen und 4.500 Douglasien. Kleine Sichtachsen wurden angelegt, die häufig nur auf kurzen Entfernungen überraschende Ein- und Durchblicke boten. Als Bezugspunkte dieser Achsen dienten häufig Brunnenanlagen, die bevorzugt auf größeren Wegkreuzungen errichtet wurden. Für die Gestaltung dieser insgesamt 18 individuell gestalteten Brunnen und anderer gartenarchitektonischer Elemente, wie Treppen oder Sitzgelegenheiten, suchte Meyer den Kontakt zu den wichtigsten Architekten im damaligen Berlin. Eine besonders aktive Rolle spielte dabei Franz Seeck, mit dem Meyer auch ein strenges Konzept für die Auswahl und Gestaltung der aufzustellenden Grabsteine zu entwickeln suchte. Eine im Eingangsbereich geplante Musterausstellung blieb allerdings Stückwerk und Konzessionen an den Zeitgeschmack blieben nicht aus. In vielen Bereichen

Eingangsbereich mit Torgebäuden

konnte jedoch erreicht werden, daß unbehauene Natursteine und dezent gestaltete Grabdenkmäler den naturnahen Charakter der Anlage unterstrichen. Mit den Umbettungen aus Schöneberg in den Jahren 1938/39 kamen wertvolle, stilistisch aber völlig anders geartete Grabmale auf den Südwestfriedhof. Die lockere Aufstellung der größeren Anlagen in der Alten Umbettung an der Nordgrenze des Friedhofs sollte möglicherweise den Charakter des Waldfriedhofs sichern, der durch eine Aufstellung im engen Verbund, wie auf innerstädtischen Friedhöfen üblich, gestört worden wäre. Wenn man bei der Aufstellung sicher einigen bedeutenden Grabmalen nicht vollends gerecht geworden ist, fügen sie sich doch in ihre Umgebung harmonisch ein und bieten dem Friedhofsbesucher immer wieder überraschende Ansichten, die je nach Jahreszeit und Freischnitt variieren. An der Grabanlage für die Opfer des Zweiten Weltkriegs und direkt hinter der Friedhofskapelle sind kleine Sichtachsen auf Teile dieser Kunstwerke ausgerichtet.

Technische Einrichtungen, ohne die ein Friedhof nicht auskommen kann, wurden entweder vor den Besuchern verborgen oder geschickt in die Gestaltung einbezogen. Von den Gebäuden war bereits die Rede. Auch die Brunnen, Unterstell- und Sitzgelegenheiten hatten neben ihrer ästhetischen Funktion auch die Erfüllung ganz praktischer Anforderungen zu leisten. Technische Einrichtungen fanden sich vor allem abseits des Besucherverkehrs im Bereich des Wirtschaftshofs an der ehemaligen Gärtnerei oder außerhalb des Friedhofs, soweit es um den Antransport der Verstorbenen mit der Bahn ging. Für die Sicherung der Wasserversorgung war eine größere Entfernung technisch nicht möglich. Mit Brunnen, Pumpwerk und Wasserturm auf dem Wirtschaftshof konnte nicht das gesamte Areal versorgt werden. Ein zweiter Speicher wurde benötigt und fand seinen Platz in der Nähe des Eingangs, unweit des Hauptweges. Ein zweiter Wasserturm sollte wegen seiner dominanten Erscheinung vermieden werden. Deshalb wurde auf dem höchsten Punkt des Geländes eine Hydrophoranlage errichtet, die einerseits im Wald liegt, andererseits als teilweise in das Erdreich versenkter Rundbau wie ein Mausoleum wirkt. Mit drei Hochdruckkesseln sicherte die Anlage die gleichmäßige Wasserversorgung und bildete für die unmittelbare Umgebung einen reizvollen Mittelpunkt. Nicht umsonst finden sich um die Hydrophoranlage gruppiert Gräber von Professoren und Künstlern wie August Stramm oder Meta Seinemeyer.

Die großen Zusammenhänge der gesamten Friedhofsanlage sollten durch den Schnittpunkt der beiden Hauptachsen erlebbar werden. Am Südende der Kapellenachse, in Sichtbeziehung zur Kapelle, sollte eine zweite, die Hauptkapelle entstehen. Dieser deutlich größer geplante Kirchenbau, der sich durch den Tod Gustav Werners verzögerte und durch den Zweiten Weltkrieg nicht zur Ausführung kam, sollte den Mittelpunkt der mittleren Ost-West-Verbindung zwischen dem Haupteingang und dem späteren Englischen Soldatenfriedhof bilden. Sie sollte die einzige deutliche Geländemarkierung für den Friedhof sein, während die Übergänge zwischen den Friedhofsteilen und Blöcken sonst sehr dezent, teilweise sogar unsichtbar blieben.

Louis Meyers Grabstein an seinem neuen Platz im Kapellenblock

Die Vorgabe der Übersichtlichkeit und leichten Orientierung im Gelände, die noch den Gestaltungswettbewerb beeinflußt hatte, konnte im Konzept Meyers natürlich nur eine nachrangige Rolle spielen. Meyer setzte aber durchaus Akzente, die die Wiedererkennbarkeit einzelner Bereiche stärkten und bediente sich dabei der Verwendung bestimmter Gehölze. Wurden im Nordteil in großen Bereichen Buchen gepflanzt, wählte Meyer in anderen Bereichen vor allem Alleebäume für die großen Wege, um unterschiedliche Charaktere zu vermitteln. Linden, Birken, Eichen und Fichten kamen so zum Einsatz, während in den Begräbnisfeldern und an den durch Brunnen oder Sitzgelegenheiten gestalteten Plätzen verschiedenste Sträucher verwendet wurden. Besonders charakteristisch wurde die Verbindung von Kiefern und Rhododendren, die auf dem gesamten Friedhofsgelände zu finden ist.

Meyers Wirken in Stahnsdorf fand im Jahr 1934 ein Ende, als er durch Willy Schmidt abgelöst wurde. Über die Gründe hierfür liegen keine genauen Kenntnisse vor. Mitunter wurde in Meyers Zurückhaltung gegenüber dem Nationalsozialismus ein Grund vermutet. Seine enge Zusammenarbeit mit Seeck, der Ende 1933 aus rassischen Gründen aus der Akademie der Künste ausgeschlossen wurde, läßt dies plausibel erscheinen. Belege dafür fehlen aber bisher. In seinem gestalterischen Konzept kann jedenfalls kein Ablösungsgrund gefunden werden, denn unter Schmidts Leitung wurde die Gestaltung des Friedhofs nahtlos fortgeführt. Louis Meyer blieb im Dienst der Stadtsynode und starb im Jahr 1955. Anders als seine Eltern und der Architekt Gustav Werner, die ihre Grabstätte im Kapellenblock erhielten, wurde Louis Meyer nicht auf den Südwestkirchhof bestattet. Sein Grab auf dem Bergholzer Friedhof geriet beinahe in Vergessenheit, wurde eingeebnet und neu belegt. Der Grabstein konnte aber gesichert werden. Restauriert und um das Sterbedatum 7. Januar 1955 ergänzt wurde er im Jahr 2003 im Kapellenblock auf einer symbolischen Ehrengrabstätte aufgestellt. Mit der Landschaftsgestaltung erinnert er an den Schöpfer des Südwestkirchhofs.

Meyers Konzept führte zu einer vielfältigen Vegetation, unterstützt durch Steine und Wegesubstrate, die auch Pflanzen Lebensräume bieten, die sich auf den kargen Sandböden Brandenburgs sonst kaum finden. Durch die innerdeutsche Grenze für Jahrzehnte vom natürlichen Einzugsgebiet getrennt, bot die von Meyer angelegte Kulturlandschaft der Natur die Gelegenheit, ihrerseits in die Landschaftsgestaltung einzugreifen. Ausgewachsene Hecken, verwilderte Pflanzen und sich ansiedelnde Tiere lassen den Südwestkirchhof dank seiner ursprünglichen Konzeption als Waldfriedhof nicht verwahrlost erscheinen. Vielmehr hat sich eine beeindruckende Artenvielfalt etabliert und eine Symbiose aus Kulturlandschaft und Biotop gebildet. Für die zukünftige Nutzung bleibt zu hoffen, daß die begonnene Rekonstruktion ursprünglich geplanter Formen mit der großzügigen Bewahrung verwilderter Bereiche Hand in Hand geht und die wirtschaftlichen Notwendigkeiten diese vielfältige Erlebnislandschaft und würdige, naturnahe Stätte der Trauer und des Totengedenkens nicht zurückdrängen.

Literatur:

- Bureau für Architektur und Baugeschichte Hildebrandt-Lemburg-Wewel: Der Südwest-Kirchhof der Berliner Stadtsynode in Stahnsdorf – Denkmalpflegerisches Gutachten, Berlin 1993

  darin:

- Zentralblatt der Bauverwaltung, Berlin, Jahrgang 1914, diverse Artikel

- Wolfgang Gottschalk: Der Südwestfriedhof Stahnsdorf – Ein Zentralfriedhof des Berliner Stadtsynodalverbandes, Berlin 1990

- Betrachtungen über den Wettbewerb Südwest-Kirchhof bei Stahnsdorf, in: Die Gartenkunst, Bd. 10, 1908, S. 99-104

- C. Heicke: Reformbestrebungen auf dem Gebiete der Friedhofsanlagen und der Friedhofskunst, in: Die Gartenkunst, Bd. 11, 1909, S. 133-142

- O. Ludwig: Der Stahnsdorfer Waldfriedhof, in: Gartenflora, 68. Jg., H. 21+22, S. 267-269

- Harald Duwe: Schuf Südwestkirchhof Stahnsdorf – Berliner Gartenarchitekt Louis Meyer ist heute zu Unrecht in Vergessenheit geraten, in: Brandenburgische Neueste Nachrichten vom 20. November 1988

Besondere Bedingungen für die Grabgestaltung auf dem Südwestkirchhof Stahnsdorf

von Dina Tradowsky

Von den vielen möglichen Bestattungsformen werden auf dem Südwestkirchhof zwei am häufigsten gewählt, die „Bestattung unter Bäumen" und die anonyme Urnenbestattung. Für beide Möglichkeiten gilt, daß es keine „gärtnerischen Folgearbeiten" gibt. Dies bedeutet: Man muß nicht pflanzen, aber man darf auch nicht pflanzen!

Jedem, der das Bedürfnis hat, selbst zu pflanzen und zu pflegen sei empfohlen, sich eine Urnen-, Einzel- oder Doppelgrabstelle zu wählen, was insbesondere bei den Urnenstellen nicht immer mit höheren Kosten verbunden ist. Für diesen zahlenmäßig kleineren Personenkreis sind die folgenden Hinweise gedacht.

Rahmenbedingungen für die Grabgestaltung auf dem Südwestkirchhof

1. Vorschriften

Es gibt auf dem Südwestkirchhof (SWK), wie auf jedem Friedhof, festgelegte Regeln, deren aktueller Stand in der Friedhofsverwaltung erfragt oder auf der Grabkarte nachgelesen werden kann.

Um die Natürlichkeit des Friedhofs zu bewahren,

- sind keinerlei Grabeinfassungen mit Steinkante, Palisaden usw. erlaubt. Eine Ausnahme bilden Einfassungshecken.
- ist es nicht gestattet, eine Stelle komplett mit Stein zu versiegeln (große Grabplatte) oder mit weißen Kieselsteinen auszulegen.

- muß auf Plastikblumen verzichtet werden.
- ist jeglicher, das Bodenleben störende, Einsatz von Unkraut-Ex etc. untersagt.

2. Zeitlicher Rahmen

Das **Auswählen der Grabstelle** ist für die späteren Gestaltungs- und Bepflanzungsmöglichkeiten ein sehr wichtiger Augenblick und entscheidet oft darüber, ob die Vorstellungen, die man für die Anlage der Stelle mitbringt, verwirklicht werden können oder nicht. Da diese Entscheidung aber selten vorausschauend getroffen wird, sondern meist unter großen emotionalen Belastungen, wird bei der Auswahl der Stelle selten an die späteren Gestaltungsmöglichkeiten gedacht.

Beim **Abräumen des verwelkten Blumenschmucks nach der Beisetzung** hat man Gelegenheit, sich mit den Ablageplätzen für Kompostmaterial und Restmüll sowie mit den Wasserschöpfstellen vertraut zu machen. Dieses geschieht etwa eine Woche bis 10 Tage nach der Beisetzung. (Daß in den Wasserbecken lange Äste stecken, hat übrigens den Grund, daß sie durstigen Eichhörnchen, Vögeln und anderem Getier nicht zur Todesfalle werden sollen.)

Jetzt beginnt für manche Angehörige eine oft als unerträglich lange Zeit empfundene Phase, in der man glaubt, „nichts tun zu können". Jedoch ist diese Phase ungeheuer wichtig, nicht nur für die seelische Verarbeitung des Abschieds, sondern auch, um Voraussetzungen für eine gelungene Planung der Grabanlage zu schaffen.

Der bei der Beisetzung aufgeworfene Boden beginnt sich zu setzen. Da er beim Verfüllen der Grube ja nicht verdichtet wird, braucht dieser Vorgang seine Zeit. Man sollte ihm mindestens ein halbes Jahr dafür lassen. Früher empfahl man, ein ganzes Jahr mit der Dauerbepflanzung zu warten. Verfrühtes Anlegen einer Stelle schafft nur weiteren Kummer, da es zu Einsenkungen kommen kann.

Wenn noch nicht geschehen, kann man die Friedhofsverwaltung nun bitten, die Stelle „auspflocken" zu lassen, das heißt Grenzpflöcke setzen zu lassen. Auch ein Besuch beim Steinmetz bietet sich jetzt an, wenn man vorhat, einen Grabstein aufstellen zu lassen.

Schon in den ersten Wochen nach der Beisetzung kann man von den Friedhofsmitarbeitern einen so genannten **„provisorischen Hügel"** anlegen lassen, der in der Mitte mit einigen Saisonpflanzen bepflanzt wird. Dies sieht freundlich aus, läßt dem Boden seine Zeit sich zu setzen und gibt den Hinterbliebenen schon die Möglichkeit, etwas zu wässern und zu pflegen, mal einen Blumenstrauß zu bringen oder auch eine Saisonpflanze mit auf den Hügel zu pflanzen.

Planung: Jetzt ist die Zeit, ausgedehnte Spaziergänge über den Kirchhof zu machen, sich anfangs nur von der Natur aufnehmen zu lassen, sich darin geborgen zu fühlen, um später dann seine eigenen Beobachtungen zu machen: Was wächst hier, wie ist es dort, wie sieht es auf den Nachbarstellen aus. Wie viel Licht fällt auf „meine" Grabstelle morgens, mittags, abends. Gibt es vorhandene Pflanzen, Hecken…Welche Pflanzen würden mir gefallen? Wächst so etwas in der Umgebung? Oder finde ich solche Pflanzen hier nirgends und warum nicht?

Wenn ich bereit bin, solche Fragen zu stellen, ist es Zeit, eine Skizze der Stelle maßstabsgerecht anzufertigen und mit einem Fachkundigen ein erstes Gespräch über meine Vorstellungen und Fragen zu führen. Abzuklären ist, ob man selbst in der Lage sein wird, die Stelle anzulegen oder den Gärtnern des Kirchhofs den Auftrag erteilen möchte. (Auf dem SWK darf man keine betriebsfremden Gärtner beauftragen). Falls man zur Entscheidung kommt, die Stelle nicht selbst anzulegen, sollte ein Ortstermin bei der Friedhofsverwaltung vereinbart werden. Man trifft sich mit einem Kirchhofsmitarbeiter an der Grabstelle, berät gemeinsam, was gepflanzt werden soll und erbittet ein Kostenangebot, denn bis zur Ausführung vergeht immer noch einige Zeit.

Traut man sich zu, die Stelle selbst zu gestalten, fertigt man einen maßstabsgerechten Plan der Stelle, kopiert diesen mehrfach und trägt darin die Himmelsrichtungen ein, den späteren Standpunkt des Grabsteins und alle vorhandenen Pflanzen, die erhalten bleiben sollen. Nach und nach ergänzt man den Plan mit den Pflanzen, die man später gerne setzen möchte. Auf den verschiedenen Kopien können unterschiedliche Varianten entworfen und gegeneinander abgewogen werden. Mit weiteren Beobachtungsspaziergängen kann die Zeit im besten Sinne genutzt werden, indem man „der Natur auf die Finger schaut" und sich von ihr belehren läßt. Es ist Zeit, seinen Plan nochmals mit einem Sachkundigen zu besprechen und Beschaffungsmöglichkeiten und -mengen für Erde und Pflanzen zu klären, sowie einen sinnvollen Ausführungszeitpunkt ins Auge zu fassen.

Der **Stein** kann spätestens jetzt geordert und anschließend gesetzt werden. Man sollte einen Stein nicht allzu früh bestellen, denn der Stein ist Teil der Gestaltung und sollte mit der späteren Bepflanzung harmonieren.

Nach 6 bis 12 Monaten ist es an der Zeit, die dauerhafte Gestaltung auszuführen. Man beginnt mit einer gründlichen **Bodenbearbeitung und –verbesserung**. Dazu gehört das mindestens spatentiefe Umgraben und Entwurzeln der Erde, das eventuelle Abfahren überschüssiger Erde, damit Platz entsteht für mindestens 10 – 15 cm Komposterde (je mehr desto besser), die man idealerweise etwas mit dem Unterboden (meist sandig) mischt. Oft werden die oberen 5 cm als dunkle Graberde oder Blumenerde aufgebracht. Sachlich notwendig wäre das nicht, aber es sieht optisch ansprechend aus, und es stellt auch einen Schutz vor zu starker Verunkrautung aus der Komposterde dar.

Es ist davon abzuraten, die Grabstelle höher als das umgebende Gelände anzulegen. Der Boden rutscht leicht weg, das Gießwasser läuft zu schnell ab und trägt wiederum guten Boden ab. Die Endhöhe sollte der Umgebung entsprechen. Durch spätere Gaben von Muttererde oder Blumenerde baut sich die Höhe sowieso nach und nach auf.

Bei der anschließenden **Bepflanzung** verlegt man als erstes die Trittplatten. Alle Pflanzen werden vorab „getunkt", das heißt der Wurzelballen darf sich in einem Eimer oder Becken voll Wasser saugen. Anschließend werden sie laut Plan auf der Stelle ausgestellt. Wenn man mit ihrer Anordnung zufrieden ist, werden sie ausgetopft und gepflanzt, dabei gut angedrückt und durchdringend angewässert. Nach Abschluß der Feinarbeiten hat man zum ersten Mal sein „fertiges Werk" vor sich, das nun anwachsen und sich entwickeln möge.

Schaut man nun mit berechtigtem Stolz auf die neu angelegte Stelle, muß man sich sagen: Alles Bisherige hätte keinen Sinn, wenn man jetzt nicht die Pflanzen regelmäßig **wässern und pflegen** würde. Je nach Jahreszeit muß pro Woche mit bis zu dreimaligem durchdringenden Wässern gerechnet werden. Nur damit kann man den Pflanzen zu wirklichem Gedeihen verhelfen.

Auch muß Unkraut entfernt werden, der Boden, der noch nicht zugewachsen ist, gehackt und eine eventuell bestehende Hecke beschnitten werden. Bei den vorhandenen armen Böden darf man die Düngung nicht vernachlässigen. Auch weitere Gaben von guter Erde sind in regelmäßigen Abständen nötig, denn nicht nur „unsere" Pflanzen zehren vom aufgebrachten guten Boden, der ganze umgebende Wald versucht etwas abzubekommen und bedankt sich mit gutem Gedeihen. Es ist daher normal, daß nach zwei bis drei Jahren der Untergrund wieder ganz verfestigt ist von den Wurzeln der umgebenden Pflanzen.

Eigentlich ist die Fertigstellung der ursprünglichen Grabgestaltung der Beginn einer langen Reihe von Jahren, in denen einem dieses winzige Fleckchen Erde anvertraut ist, und man etwas daraus machen kann. Vieles von der ursprünglichen Gestaltung wird sich vielleicht noch modifizieren und verändern, genauso wie die Trauer über den Abschied von einem nahe stehenden Menschen eine Entwicklung durchmachen wird.

„Blumenhalle" (im Hintergrund der Bahnhof Stahnsdorf) um 1913, heute Sitz der Gärtnerei und Baumschule „Jahreszeitengarten"

3. Natürliche Bedingungen

Boden: Wir treffen auf dem Gelände des SWK auf eiszeitliche, arme Sande, höchstens ab und zu von einer Lehmader durchzogen. Ursprünglich waren die Sande durchaus kalkhaltig, dieser Kalk wurde aber im Laufe der Zeit in die tieferen Bodenschichten bzw. das Grundwasser ausgewaschen, so daß wir als Bodengrundlage nährstoffarme, saure Sande haben. Diese von Natur aus wenig fruchtbaren Böden werden um so besser, je höher ihr Humusgehalt aus verrottenden Pflanzenteilen, Laub u.a. ist. Die mit Humus angereicherte oberste Bodenschicht ist nämlich in der Lage, sowohl Nährstoffe als auch Wasser sehr viel besser zu speichern, als der pure Sand. Somit kann ein ursprünglich unfruchtbarer Boden auf zweierlei Art und Weise verbessert werden: Indem ihm a) Humus in regelmäßigen Abständen zugeführt und dabei bedacht wird, daß jedes Blatt, jede Tannennadel, die abharkt wird, im Grunde dem Boden etwas entzieht, was er braucht, und was wir dann wieder durch gute Blumenerde, Kompost, Rindenmulch oder ähnliches ersetzen müssen. Für üppiges Pflanzenwachstum muß b) der Boden mit Düngung unterstützt werden, wobei vornehmlich mit organischen Düngemitteln gedüngt werden sollte, die sich langsam zersetzen und auch in Humus umgebaut werden können. Mineralische Düngemittel sind, solange keine ausreichende Humusschicht vorliegt, als leicht lösliche Salze sehr schnell wieder ausgewaschen. Sie sind sehr rasch wirksam, aber teilweise schwer zu dosieren. Es kommt leichter zur Überdüngung und zur Belastung des Grundwassers. Wer nicht auf mineralische Düngemittel verzichten möchte, sollte zumindest zu den so genannten Langzeitdüngern greifen, die durch eine Kunstharzumhüllung die Nährstoffe langsamer freisetzen.

Sehr positiv auf den Aufbau einer dauerhaften Bodenfruchtbarkeit wirken sich Bentonit-Gaben aus. Dieses natürliche Tonmineral verfügt über eine hohe Speicherkapazität für lebenswichtige Pflanzennährstoffe wie z.B. Kalium und auch für Wasser. Es wird durch die Regenwürmer mit den Humusbestandteilen zu dem sehr stabilen Ton-Humus-Komplex verbaut, dem Fruchtbarsten, was ein Boden überhaupt bieten kann.

Fazit: Es ist durchaus möglich, die doch sehr magere Bodengrundlage zu verbessern.

Wasser ist für ein befriedigendes Pflanzenwachstum immer lebensnotwendig. Auf dem Südwestkirchhof treffen zwei begrenzende Faktoren zusammen. Zum einen hat der Sandboden, wenn er nicht durch Humusgaben verbessert wurde, fast gar keine Wasserspeicherkapazität. Zum anderen sind natürliche Niederschläge insbesondere in den Sommermonaten selten. Oft regnen sich Wolken in unmittelbarer Nähe ab, aber der Kirchhof geht leer aus. Es kann zu wochenlangen Trockenphasen kommen. Leider sind auch die winterlichen Regenmengen im Zuge des Klimawandels zurückgegangen, so daß auch der Grundwasserspiegel sinkt. Dies hat zwar noch keine direkte Auswirkung auf die Grabstellenbepflanzung, jedoch die Großbäume, die in der Nähe stehen, leiden sehr darunter und bedanken sich bei uns, wenn wir sie auch mit Wassergaben bedenken.

Fazit: Ohne zusätzliche Wassergaben kann man keine Grabbepflanzung von „gehobenem Niveau" erhalten. Nur sehr wenige Pflanzen kommen mit dem zur Verfügung stehenden natürlichen

Wasser aus. Diese genügsamen „Trockenheitskünstler" werden aber meist nicht für die Grabbepflanzung gewählt.

Es gibt einige Wasser sparende Maßnahmen auf den Stellen: Man sollte keine Bodenfläche unbedeckt offen liegen lassen. Die Verdunstung des Bodens ist größer als die Transpiration der Pflanzen. Daher empfiehlt es sich, eine Bepflanzung mit sogenannten Bodendeckern vorzunehmen. Falls kleinere Flächen freigehalten werden sollen, ist es günstig, den Boden immer frisch zu hacken, um die wasserführenden Poren zu unterbrechen. Man kann unbepflanzte Erde auch mit dekorativem, feinem Rindenhumus bedecken, welcher den Unkrautbewuchs hemmt und Wasser spart. Den gleichen Effekt hat Rindenmulch, dieser sieht nur etwas gröber aus. (Anmerkung: damit Rindenmulch sich zu Humus zersetzen kann, sollten beim Aufbringen gleichzeitig Hornspäne gestreut werden. Sonst entzieht der sich umsetzende Rindenmulch dem Boden den wenigen vorhandenen Stickstoff. Hornspäne sind ein natürlicher Stickstofflangzeitdünger.)

Ein gravierender, aber nicht vermeidbarer Nebeneffekt zusätzlicher Wassergaben auf die Bodenreaktion soll nicht unerwähnt bleiben. Wie oben beschrieben, reagiert der ursprüngliche Sandboden leicht sauer. Wird gewässert, nähert sich die Bodenreaktion dem neutralen Bereich von pH-Werten um 6,5 – 7. Ursache hierfür ist, daß das als Gießwasser verwendete Grundwasser in unserem Einzugsbereich kalkhaltig ist. Nach und nach kalkt man den Boden allein durch das Gießen auf.

Fazit: Bitte keine zusätzlichen weiteren Kalkgaben! Für Moorbeetpflanzen wie Rhododendren und Azaleen wird dieser pH-Bereich langsam ungemütlich. Diese Pflanzen fühlen sich auf dem Südwestkirchhof an und für sich wohl, wie man an den vielen sehr alten Exemplaren sieht. Jedoch ist bei Neupflanzungen doch zu empfehlen, die Säure liebenden Pflanzen in Moorbeetspezialerde zu setzen und auch ab und zu damit zu mulchen, da gerade diese Pflanzen nicht ohne zusätzliche Wassergaben auskommen. Die alten Rhododendren des Kirchhofs sind teilweise vor fast 100 Jahren in den „Gründerjahren" eingebracht worden. Es sind robuste Sorten, sie sind gut eingewurzelt und werden nicht mit extra Wassergaben versorgt. Sie haben zwar keine Chlorose wegen zu kalkhaltigen Bodens, jedoch sieht man in heißen Sommern auch ihnen

ihnen den „Wasserstreß" an. Neupflanzungen würden in solchen Sommern ohne extra Wassergaben eingehen.

Licht und Schatten: Der Südwestkirchhof hat den Charakter eines Waldfriedhofs. Dies bedingt, daß das Gros aller Grabstellen mindestens stundenweise durch höhere Pflanzen in unmittelbarer Nähe beschattet wird. Die überwiegende Mehrheit der Grabstellen kann man nach den Lichtverhältnissen als „halbschattig" einstufen, wenn man eine Skala von vollsonnig über absonnig, halbschattig bis vollschattig, zu Grunde legt. Es gibt allerdings in manchen Beerdigungsblöcken auch vollsonnige Stellen (z.B. im Block Schöneberg) und auch etliche Stellen die im Vollschatten liegen.

Die Lichtverhältnisse bestimmen zu einem nicht geringen Anteil, welche Pflanzen auf einer Stelle gedeihen werden. Denn den Boden kann man verbessern, Wasser kann man zuführen, die Lichtverhältnisse sind meist längerfristig festgelegt und oft nur durch größere Stürme wie den Orkan von 2002 grundlegend zu

Die „Blumenhalle" im Jahr 2008

ändern. Damals wurden schattige Bereiche schlagartig zu sonnigen Plätzen (z.B. Urnenhain I), was ganz neue Bepflanzungsmöglichkeiten eröffnete und dem Revier einen völlig anderen Charakter gab.

Für sonnige Stellen läßt sich fast immer leicht eine Pflanzenauswahl finden, mit der alle Beteiligten zufrieden sind (immer ausreichende Wässerung und Pflege vorausgesetzt). Auch für den halbschattigen Bereich gibt es viele Pflanzen, die sich gerade dort wohl fühlen, wenn auch Farbigkeit und Blühwilligkeit im Halbschatten etwas geringer sind als in der Sonne. Aber gerade naturhafte Stellen lassen sich dort sehr gut gestalten. Man muß auch bedenken, daß in Zeiten des Klimawandels pure Sonne selbst den Pflanzen zu viel werden kann und daß sie dankbar sind, wenn sich mal ein Schatten vor die Sonne schiebt. Insbesondere rotlaubige und panaschiertlaubige Pflanzen können auch unter „Sonnenbrand" leiden.

Schwierig zu bepflanzen bleiben immer die vollschattigen Stellen, wo kein Strahl direkten Sonnenlichts die Erde trifft. Dies ist nicht nur ein Problem des fehlenden Lichteinfalls, sondern meistens liegt gleichzeitig starker „Wurzeldruck" (=Konkurrenz im Wurzelbereich) durch die schattenwerfenden Nachbarpflanzen vor. Außerdem sind diese Stellen von Natur aus sehr trocken, da sie wie unter einem Regenschirm der Baumkronen liegen (Regenschatten).

Für die genaue Beurteilung der Belichtungsverhältnisse auf der „eigenen" Grabstelle ist die schon erwähnte Beobachtung sehr wichtig. Zu jeder Tageszeit, im Frühjahr, Sommer, Herbst und Winter sieht es nämlich anders aus. Man denke nur an den vermehrten Lichteinfall im Winter, wenn Laubbäume in der Nachbarschaft stehen. Starke Wintersonne kann für manche immergrüne Schattenpflanze kritisch werden. Je genauer die Beobachtung im Vorfeld, um so angepaßter an die Situation können die Pflanzen ausgewählt werden.

Klima: In der gemäßigten Klimazone unserer Erde gelegen, haben wir eine große Auswahl an Pflanzen, die alle mit relativ warmen Sommern und kalten Wintern zurechtkommen. Einen großen Einfluß auf das Pflanzenwachstum hat weiterhin, daß unsere Region vom Kontinentalklima geprägt ist. Im Gegensatz zum milderen maritimen Klima mit deutlich höherer Luftfeuchtigkeit und mehr Windbewegung haben wir größere Temperaturextreme im Sommer wie im Winter zu erwarten. Die niedrigere Luftfeuchtigkeit läßt die Pflanzen zudem mehr unter den Extremen leiden. Ein Beispiel möge dies verdeutlichen: Besonders die immergrünen Rhododendren haben bei starkem Frost Probleme mit der winterlichen Sonne und der gleichzeitigen niedrigen Luftfeuchtigkeit. Sie müssen verdunsten. Ihr einziger Verdunstungsschutz ist das Einrollen ihrer Blätter. Je nach Sorte ertragen sie mehr oder weniger Kältegrade, bevor dauerhafte Frostschäden eintreten. Dieses Wissen ist für die richtige Sortenwahl wichtig: Nur die frosthärtesten Sorten kommen in Frage. Sorten mit Frosthärte bis -24 °C und mehr haben sich bewährt, obwohl diese Temperatur auch bei uns sehr selten vorkommt, als „gefühlte" Temperatur im Zusammenhang mit Wind aber sehr wohl. Sorten, die eine Frosthärte bis -22°C aufweisen, kann man an geschützten Standorten auch verwenden, bei weniger Frosthärtegraden wird es erfahrungsgemäß riskant.

Die *Winter* der letzten Jahre waren teilweise sehr mild. Jedoch sei an den Winter 2005 – 2006 erinnert, mit Dauerfrost von Mitte November 2005 bis Anfang April 2006, häufig bis -15°C!

Im *Sommer* ist alle paar Jahre mit wochenlangen Hitzeperioden ohne Regenfälle zu rechnen.

Kleinklima: Alle Witterungsextreme werden auf dem Südwestkirchhof jedoch abgemildert durch die kleinklimatisch geschützte Lage. Knapp 200 Hektar zusammenhängend bewaldete Fläche bieten Schutz vor eisigen Winden im Winter und sengender Sonne im Sommer.

Im zunehmend bebauten Umfeld (Randlage zu Berlin) kann man den Kirchhof durchaus auch als „grüne Lunge" sehen. Die gute Luft wirkt sich positiv auf Mensch, Tier und Pflanze aus, auch Pflanzen reagieren nämlich teilweise empfindlich auf verschmutzte Luft.

Tiere des Waldes: Wie Dr. Casperson in seinem Beitrag berichtet, bietet der Kirchhof ein Domizil für viele Tierarten niederer und höherer Art. Was wir von ihnen sehen, dient meistens zur Freude, wenn wir z.B. einen Grünspecht oder auch Schwarzspecht entdecken oder die Eichhörnchen beim Spiel beobachten. Allerdings gibt es einige Tierarten, die sich, auch weil ihnen ringsherum die Lebensräume immer mehr beschnitten werden, sehr stark auf dem Kirchhof ausgebreitet haben und die man bei der Grabgestaltung berücksichtigen muß: das Rehwild und Schwarzwild.

Allerdings sollte man bei allem Ärger, den man zeitweilig empfinden mag, wenn die Tiere Schäden angerichtet haben, immer bedenken: Es sind nicht die Tiere, die in unseren Bereich eingedrungen sind, sondern wir sind Gast in ihrem Wald. Trotzdem müssen natürlich mangels natürlicher Feinde Rehwild und Schwarzwild in Grenzen gehalten werden. Zu diesem Zweck wird auf dem Kirchhof die Jagd ausgeübt, abends nach Toresschluß und zweimal im Jahr als Treibjagd. Der Kirchhof bleibt dann halbtags geschlossen.

Wenn Bißspuren an den Pflanzen wie mit der Schere abgeschnitten aussehen, waren es meist nicht die Feldhasen, die vereinzelt vorkommen, sondern das *Rehwild*. Rehe haben bestimmte pflanzliche Vorlieben und wer beobachtet hat, daß so ein Rehwechsel an seiner Grabstelle vorbeiführt, sollte deren Lieblingspflanzen meiden. Ihr Favorit sind wohl Rosen, Rosenknospen und auch Blüten aus mitgebrachten Sträußen. Die Rehe sind dabei so penetrant, daß gepflanzte Rosenbüsche einfach keine Chance haben, zur Blüte zu kommen. Aus diesem Grund, und weil der für Rosen notwendige sonnige Standort selten auf einer Grabstelle gegeben ist, muß man leider immer wieder von der Pflanzung der als Symbolpflanze sehr beliebten Rose abraten. Erfolg hatten bisher nur hohe Rosenstämmchen. Wenn man durchaus eine niedrige Rose ausprobieren möchte, so sollte man zu einer vielblütigen, sehr wuchsfreudigen und robusten Bodendeckerrose greifen.

Die Rehe fressen erstaunlicherweise auch für andere Lebewesen absolut giftige Pflanzen, ohne Schaden zu nehmen: die Eiben. Sie kürzen den als Bodendecker beliebten Euonymus (Kriechspindel) und den Efeu ein. Jedoch nicht bei allen Pflanzen muß man so von ihrer Verwendung abraten, wie bei den Rosensträuchern. Eine „Einkürzung" kann auch den Effekt haben, daß anschließend wieder gut ausgetrieben wird.

Den größten Schaden richtet der Verbiß sicher bei der saisonalen Bepflanzung an. Außer mit einer gezielten, wenn auch eingeschränkten Pflanzenauswahl, kann man sich mit dem Streuen von Hornspänen helfen, die gleichzeitig ein organischer Stickstoff-Langzeitdünger wie ein Repellent für die pflanzenfressenden Rehe sind.

Das *Schwarzwild* stellte 2008 ein besonders großes Problem für den Südwestkirchhof dar. Jeder Spaziergänger konnte die massiven Wühlspuren am Wegesrand beobachten. Totalschäden an Grabstellen gibt es zum Glück eher selten, einzelne Wühlspuren kommen häufiger vor. Es gibt Hinweise darauf, daß in die Erde gesteckte Blumenzwiebeln die Tiere anlocken könnten. In den heißen Sommermonaten findet man auch ab und zu umgekippte Grabvasen auf den Stellen, der Blumenstrauß liegt unversehrt daneben. Hier haben durstige Tiere nach Wasser gesucht. Wildschweine sind tagsüber für die Kirchhofsbesucher selten anzutreffen und für Menschen eher ungefährlich, wenn sie keine Frischlinge mitführen. Auf mitgeführte Hunde reagieren sie aber aggressiv. Es ist strikt davon abzuraten, seinen Hund abzuleinen, da es schon Unfälle mit dem Schwarzwild gab. Abgesehen davon besteht auf dem Gelände des SWK grundsätzlich Leinenpflicht.

Feldhasen und Wildkaninchen stellen keine Störung für die Grabstellen dar. Wildkaninchen kommen nicht oder fast nicht vor, und der sehr selten gewordene Feldhase richtet keine nachweisbaren Schäden an.

Ab und zu werden *Maulwürfe* mit ihren Hügelbauten etwas lästig. Maulwürfe sind geschützte Tiere. Man kann sie allenfalls durch Repellents vertreiben, darf aber keinesfalls petroleumgetränkte Lappen in die Gänge legen. Diese vergiften den Boden und erschweren das Pflanzenwachstum sehr. Die Hügel verteilt man an der Stelle, wo sie aufgeworfen wurden, damit es keine Absackungen gibt, und freut sich über einen gut drainierten und durchlüfteten Boden.

Einflüsse des Menschen: Der Mensch kann sowohl als größter Feind und Zerstörer der Natur auftreten als auch als ihr größter Förderer. Die Geschichte des Südwestkirchhofs ist ein schönes Beispiel für den positiven Fall. Aus einem unfruchtbaren Bauernwald bzw. einer Gemeindeheide wurde im Laufe von 100 Jahren eine wunderbar vielfältige parkartige Waldlandschaft. Mit viel

Sachverstand und Einfühlungsvermögen und unter künstlerischen Gesichtspunkten hat hier eine arme Fläche eine enorme Steigerung und Vertiefung erfahren zum Wohle von Mensch und Kreatur.

Wie im Großen so ist es auch im Kleinen: Je mehr Zeit, Kraft, Sachverstand und Mühe auf die Anlage und vor allen Dingen auf die Pflege einer Grabstelle verwendet wird, um so höher kann man das gestalterische Niveau anheben und halten.

Man kann auch bei einer Grabstelle kein optimales Ergebnis zum Nulltarif haben: Die ganzjährig blühende Oase ohne regelmäßige Pflege, Düngung, Wässerung usw. kann es nicht geben. Je mehr Zuwendung man investiert, um so mehr kann man erreichen. Dies sei nur gesagt, um vor übertriebenen Erwartungen zu warnen!

Gestaltungsprinzipien

Nachdem auf all die Rahmenbedingungen für die Anlage einer Grabstelle auf dem Südwestkirchhof hingewiesen wurde, stellt sich die Frage, was als eigentlicher Gestaltungsspielraum bleibt. Zugegebenermaßen ist der Spielraum klein, eine ästhetische Grabstelle, die sich harmonisch in die Umgebung einfügt, erfolgreich zu gestalten. Aber er ist vorhanden und sollte genutzt werden.

Man hat drei gestaltende Elemente: den Stein, den Weg, die Pflanzen. Aus diesen drei Elementen kann man sehr unterschiedliche Flächen gestalten. Aus den verschiedensten Möglichkeiten sei eine beispielhafte herausgegriffen und an ihr das Prinzip der Gestaltung erläutert.

Wie auf vielen alten Friedhöfen gibt es auf dem Südwestkirchhof auch Grabstellen, die an ihrer hinteren Begrenzung den Eingang in ein Haus angedeutet haben. Oft aus kostbarem Stein monumental gebaut, betritt man hier durch eine Tür das „letzte Haus". Dies ist von großer Symbolik, denn hinter der Tür kommt - „nichts"! So kann die Tür auch als Übergang in eine andere Welt gedeutet werden. Als Pforte in eine andere Seinsform, in ein für uns Lebende unsichtbares Haus. Was ist die Grabstelle in diesem Falle? Sie ist der Vorgarten des Hauses und wird auch entsprechend gestaltet. Da ist der STEIN = das Haus mit der Tür. Da ist der WEG =

der letzte Weg in dieser Welt, auf dem wir den Verstorbenen begleiten können - bis zur Tür. Da sind die PFLANZEN als gestaltende Elemente des Gartens: Es gibt meist links und rechts vom Tor je eine Solitärpflanze oder eine Gruppe, die den Rahmen bilden, die Torbäumchen, die höher sind als die übrigen Pflanzen. Es gibt die flächige Bepflanzung mit Bodendeckern, die dem Rasen in unseren Vorgärten entspricht. Es gibt häufig eine Umrahmung = Einfriedung der Grabstelle mit einer Hecke, die wiederum eine kleine Eintrittspforte aufweist. Häufig sind links und rechts der Heckenpforte in den beiden „Grundstücksecken" noch etwas höhere Solitärpflanzen oder kleine Gruppen zu finden, die das Niveau der Bodendecker überragen. Den Weg begleitend kann man oft Beete mit Blumen finden.

Leicht kann man erkennen, daß unzählige Grabstellenanlagen Variationen dieses Themas sind. Man findet den STEIN an entsprechender Stelle des Tores, wie einen Grenzstein des Lebens. Man findet den WEG ausgelegt mit 2-3 Trittplatten, mit Rindenmulch oder nur als Aussparung zwischen den Pflanzen. Man findet die Solitärbäumchen oder Büsche rechts und links vom Stein und oft auch vorn links und rechts in den Ecken. Es gibt eine Hecke und die Fläche ist mit Bodendeckern, manchmal leider auch nur mit der nackten Erde bedeckt. Blumenbeete sind da, manchmal zu Blumenschalen oder Blumenvasen variiert, manchmal auch als Beete vor dem Stein oder mittig angelegt. Alle Gestaltung ordnet sich dem STEIN unter. Er gibt die Größenordnungen an, die Bäumchen neben dem Stein rahmen ihn ein, sollten ihn aber nicht erdrücken. Die übrigen Pflanzen ordnen sich in Größe und Gestalt diesem Ensemble unter.

Exemplarische Pflanzenauswahl für verschiedene Standorte

Wir kennen jetzt das Umfeld der Grabstelle (Abschnitt 2). Wir kennen ein mögliches Gestaltungsmotiv (Abschnitt 3). Wir wählen uns unseren Stein beim Steinmetz aus, eventuell passende Trittplatten dazu und lassen ihn aufstellen. Als letztes wählen wir die Bepflanzung. Dies ist vielleicht das Schwerste, da die Pflanzen sich verändern. Im Laufe der Jahre werden sie wachsen, im Jahreslauf werfen sie ihr Laub ab und treiben neu oder verändern z.B. die Laubfärbung. Diese Entwicklungsmöglichkeit muß man mit in die Planung einbeziehen.

Daraus ergeben sich folgende Gesichtspunkte für die Pflanzenauswahl: Man wählt sinnvollerweise Pflanzen, die sehr langsam wachsen (oder die man gut beschneiden kann) und eine relativ niedrige Endhöhe haben. Das sind die sogenannten *Zwerggehölze*. Diese sind oft aus „Hexenbesen" der normalwüchsigen Pflanzen durch vegetative Vermehrung entstanden. Daher findet man zu fast jedem Großbaum einen kleinen Bruder, so daß es möglich ist, die Vorlieben eines Verstorbenen aufzugreifen. Man wählt gern wenigstens einige Pflanzen als *Immergrüne*. So wirkt die Grabstelle in der laublosen Zeit nicht so trist. Das Immergrüne steht auch als Symbol für das „ewige Leben". Man wählt weiterhin bevorzugt Pflanzen, die sich einmal im Jahr mit *Blüten* schmücken (Symbol: blühender Garten). Mit Saisonpflanzen und Blumensträußen überbrückt man die Zeiten, in denen Stauden und Sträucher nicht in Blüte stehen, da die zu erwartende Blütezeit eines Strauches oder einer Staude im allgemeinen nur drei bis vier Wochen im Jahr beträgt. Mit Pflanzen, deren Laub sich im Herbst verfärbt, kann man zusätzliche Farbe in die Gestaltung bringen. Wie oben geschildert, wählt man auf dem Südwestkirchhof vornehmlich robuste, an den Standort angepaßte Pflanzen.

Pflanzen, deren Verwendung sich auf dem Südwestkirchhof bewährt hat:

Pflanzenauswahl für eine **sonnige Stelle**
<u>Solitärpflanzen</u>:

Botanischer Name	**Deutscher Name**
Juniperus communis und Sorten	Säulenwacholder
Thuja occidentalis „Smaragd"	Lebensbaum „Smaragd"
Thuja occidentalis „Danica"	Lebensbaum „Danica"
Chamaecyparis obtusa „Nana gracilis"	Muschelzypresse
Chamaecyparis pisifera	Fadenzypresse
Juniperus squamata „Blue Star"	Zwerg-Blauzederwacholder

Juniperus procumbens "Nana"   Zwerg-Kriechwacholder

<u>Bodendecker, Gehölze</u>:

Juniperus horizontalis „Glauca"   Blauer Teppichwacholder
Cotoneaster dammeri radicans   Zwergmispel

<u>Bodendecker, Stauden</u>:

Acaena buchanii   Stachelnüsschen
Lysimachia nummularia   Pfennigkraut

<u>Einfassungshecken, höherwachsend</u>:

Thuja occidentalis und Sorten   Lebensbaum
Taxus baccata, T. media, T. cuspidata   Eiben
Buxus sempervirens arborescens   Buchsbaum

<u>Niedrige Einfassungen</u>:

Erica carnea   Schneeheide
Buxus sempervirens arborescens   Buchsbaum

Pflanzenauswahl für eine **halbschattige Stelle**
<u>Solitärpflanzen</u>:

Rhododendron   Rhododendren und Azaleen in Arten und Sorten
Pieris japonica   Schattenglöckchen
Hydrangea   Hortensien in Arten u. Sorten
Taxus baccata „Fastigiata Robusta"   Säuleneibe
Abies balsamea „Nana"   Zwerg-Balsamtanne

<u>Bodendecker, Gehölze</u>:

Cotoneaster dammeri radicans   Zwergmispel
Euonymus fortunei in Sorten   Zwerg-Kriechspindeln

Hedera helix	Efeu
Pachysandra Terminalis	Pachysandra, Schattengrün

Bodendecker, Stauden:

Waldsteinia ternata	Waldsteinie, Golderdbeere
Geranium macrorrhizum in Sorten	Balkan-Storchschnabel
Saxifraga urbium	Porzellanblümchen
Vinca minor	Kleines Immergrün
Bergenia cordifolia	Begenie
Carex morrowii „Variegata"	Japansegge
Luzula sylvatica	Waldmarbel

Einfassungshecken, höherwachsend:

Thuja occ. „Smaragd" u. Danica"	Lebensbaum in Sorten
Taxus baccata, T. media, T. cuspidata	Eiben
Buxus sempervirens arborescens	Buchsbaum

Niedrige Einfassungen:

Euonymus fortunei in Sorten	Zwerg-Kriechspindel

Pflanzenauswahl für eine **schattige Stelle**
Solitärpflanzen:

Taxus baccata „Fastigiata Robusta"	Säuleneibe
Taxus cuspidata „Nana"	Japanische Zwerg-Eibe
Ilex aquifolium, Ilex x meserveae	Ilex, Stechpalme
Buxus sempervirens arborescens	Buchsbaum (als Formgehölz)
Abies balsamea „Nana"	Zwerg-Balsamtanne

Bodendecker, Gehölze:

Taxus baccata „Repandens"	Tellereibe, Tafeleibe

Microbiota decussata	Microbiota
Hedera helix	Efeu
Pachysandra Terminalis	Pachysandra, Schattengrün

Bodendecker, Stauden:

Vinca minor	Kleines Immergrün
Bergenia cordifolia	Bergenie
Asarum europeum	Haselwurz

Einfassungshecken, höherwachsend:

Taxus baccata, T. media, T. cuspidata	Eiben
Buxus sempervirens arborescens	Buchsbaum

Niedrige Einfassungen:

Buxus sempervirens arborescens	Buchsbaum

Diese Ausführungen sollen nicht abgeschlossen werden, ohne jedem Mut zu machen, der sich hier auf dem Südwestkirchhof Stahnsdorf der Herausforderung stellt, seine Grabstelle selbst zu gestalten. Es gehört viel Kreativität und Einfühlungsvermögen dazu, mit so eng gesteckten Rahmenbedingungen zurechtzukommen, die durch die Lage der Grabstelle innerhalb eines gewachsenen Naturdenkmals gegeben sind. Das Miniaturgärtchen, als das man eine Grabstelle auch sehen kann, wird mehr ein Forstgarten als ein Bauerngarten werden. Jedoch kann man von der Natur ringsherum so viel Bereicherung und Belehrung erfahren, daß der Versuch unbedingt lohnend ist, sofern man genügend Zeit zur Verfügung hat.

Als weiterführende Literatur sei das Taschenbuch aus dem Verlag Eugen ULMER von Brunhilde Bross-Burckhardt: „Gräber gestalten und pflegen" empfohlen.

Hugo Conwentz (1855 – 1922)

Hugo Conwentz (1855-1922) – Begründer des staatlichen Naturschutzes

von Thomas Marin

Das Grab des Mannes, der als Begründer des staatlichen Naturschutzes in Deutschland, ja in Europa gilt, ist auf dem weitläufigen Gelände des Stahnsdorfer Südwestkirchhofs nicht leicht zu finden. Im Südteil der Anlage wurde Hugo Conwentz im Zuge der Umbettungen derJahre 1938/39 vom Schöneberger St. Matthäi-Friedhof erneut beigesetzt. Seit den Gedenkfeiern anläßlich seines 150. Geburtstags ziert seinen restaurierten Grabstein wieder ein Portraitmedaillon.

Als Botaniker beschäftigten ihn nicht nur die fossilen Hölzer, die seinen ersten Forschungsschwerpunkt bildeten. Als Gründungsdirektor und langjähriger Leiter des Westpreußischen Provinzialmuseums in Danzig leistete er wesentliche Beiträge zur Erforschung der westpreußischen Kulturgeschichte und der Naturschätze dieser Provinz. Auf seinen Reisen durch sein Wirkungsgebiet nahm er die Gefährdung wertvoller Naturerscheinungen wahr, inventarisierte und unternahm Initiativen zu deren Erhaltung – auf pädagogischem, naturwissenschaftlichem und vor allem politisch-administrativem Gebiet. Seinem Geschick und seinem hartnäckigen Fleiß ist die breite Wirkung zu verdanken, die die der Naturschutzgedanke am Beginn des 20. Jahrhunderts entfaltete und Preußen zum Vorreiter des institutionalisierten Naturschutzes machte.

Kindheit – Jugend - Familie

Hugo Wilhelm Conwentz kam am 20. Januar 1855 in der Nähe von Danzig, im Dörfchen St. Albrecht zur Welt. Die Familie gehörte der Glaubensgemeinschaft der Mennoniten an, die im 16. Jahrhundert in den Niederlanden entstand. Vermutlich im späten 17. Jahrhundert war die Familie Conwentz von dort nach Westpreußen eingewandert. Hugos Großvater Gerhard Conwentz hatte im Jahr 1816 das Haus St. Albrecht Nr.7, das den Titel „Die rote

Hand" trug, erworben und mit der zugehörigen Landwirtschaft an Hugos Vater Albert Wilhelm Conwentz vererbt. Hier wuchs Hugo Conwentz mit drei Geschwistern in ländlicher Umgebung auf, drei weitere Kinder Alberts und seiner Frau Auguste, geb. Dyck, waren früh verstorben. Im Alter von etwa sieben Jahren wurde Hugo in Danzig eingeschult. Zu dieser Zeit hatte sein Vater hier eine Holz- und Kohlenhandlung erworben und die Familie zog in die Stadt. An Stelle der weiten Natur erlebte Hugo nun die Enge der Frauengasse, aber auch die Nähe zu allen Orten des städtischen Lebens in der alten Hansestadt, die damals etwa 70.000 Einwohner zählte. Auf der St. Johann-Schule legte er 1873 die Reifeprüfung ab. Der Rang der Schule als Realschule 1. Ordnung wurde später zum Stolperstein für seine akademische Karriere. Durch den Historiker Gotthilf Löschin als Schulleiter, vor allem aber durch den Biologen Theodor Bail erhielt er hier aber auch die Prägung für seine spätere wissenschaftliche Tätigkeit. Sein Zeugnis mit dem Gesamtprädikat „Gut" enthielt den Zusatz, er habe sich „insbesondere in der Botanik Kenntnisse erworben, die weit über das Schulziel hinausgehen und zu schönen Hoffnungen für seine fernere Tätigkeit auf diesem Gebiet berechtigen."

Die Familie hatte mit einigen Belastungen zu kämpfen. So war dem Vater als Kaufmann nur begrenzt wirtschaftlicher Erfolg beschieden. Hugos Mutter litt unter psychischen Störungen, seine Schwester Auguste wird als geistig behindert beschrieben. Auch die anderen Geschwister hatten problematische Biographien, Bruder Max endete als hochstaplerischer Glücksritter. Anna Conwentz machte sich in engen Kreisen einen Namen als Schriftstellerin, neigte aber ebenfalls zu Hochstapelei und Größenwahn und war Zeit ihres Lebens nicht in der Lage, ohne Unterstützung der Familie zu leben. Mit einem nicht nur als Pseudonym für ihre Veröffentlichungen zugelegten Adelsprädikat und einer frisierten Biographie bewegte sie sich in Berliner Literatursalons. Sie machte sich zehn Jahre jünger, behauptete, eine gründliche wissenschaftliche Ausbildung genossen zu haben und versuchte, einen eigenen naturreligiösen Kult zu begründen. Ihren eigenen Angaben nach befaßte sie sich mit Themen, für die ihr Bruder Hugo stand. Vermutlich nutzte sie von ihm abgeschöpftes Wissen, ohne die familiäre Beziehung bekannt werden zu lassen.

Conwentz' Biographin Margarete Boie, die die Lebensumstände der Familie auch persönlich kannte, vermutet als eine Ursache der problematischen Disposition der meisten Familienmitglieder das Heiratsverhalten der Mennoniten, die Ehen nur innerhalb ihrer Gemeinschaft schlossen. Demnach waren schon die gut 8000 Mennoniten, die Ende des 18. Jahrhunderts in Westpreußen lebten, sämtlich miteinander verwandt. Die unterstellten negativen Auswirkungen dieses beschränkten Genpools machten sich bei Hugo Conwentz jedoch gerade nicht bemerkbar. Vielmehr wurden ihm Tugenden nachgesagt, die wiederum überhöht mit seiner Herkunft begründet wurden: Redlichkeit, Fleiß, Ordnungsliebe, Ausdauer, persönliche Zurückhaltung und Bescheidenheit. Diese Eigenschaften ließen ihn später ein ungeheures Arbeitspensum auf verschiedenen wissenschaftlichen Gebieten und im administrativen Bereich bewältigen.

Studium und erste Berufstätigkeit

Auf Empfehlung Professor Bails ging Conwentz 1873 zum Studium nach Breslau, wo der mit Bail befreundete Botaniker Heinrich Robert Goeppert sein Lehrer wurde. Die Familie konnte das Studium nicht allein finanzieren. Der frühe Kontakt zur Naturforschenden Gesellschaft in Danzig, deren Direktor Professor Bail war, sein Engagement und die guten Leistungen brachten ihm aber ein erstes Stipendium der Gesellschaft ein. Goeppert vermittelte später ein weiteres Stipendium, das den Abschluß des Studiums sicherte. Nach sieben Semestern, von denen er zwei in Göttingen verbrachte, wurde Conwentz im August 1876 mit einer Arbeit „Über die versteinten Hölzer aus dem norddeutschen Diluvium" zum Dr. phil. promoviert. Mit der Promotion übernahm er eine Assistentenstelle am Königlichen Botanischen Garten in Breslau bei Goeppert, mit dem er zunächst die Paläobotanik – die Erforschung der fossilen Pflanzen – als wissenschaftlichen Schwerpunkt teilte. Immer wieder veröffentlichte er in den folgenden Jahren größere und kleinere Arbeiten über versteinerte Hölzer, später setzte er Goepperts Arbeiten über die Bernsteinflora fort. Eine 1880 erschienene Arbeit über „Die verkieselten Hölzer in Karlsdorf am Zobten" war als Habilitationsschrift vorgesehen. Hugo Conwentz strebte eine Universitätskarriere an, möglicherweise sah Goeppert in ihm eine Art Kronprinzen für seinen eigenen Lehrstuhl, der die Fortführung seiner Forschungen gesichert hätte. Die Pläne scheiterten. Was im benachbarten Sachsen einem Christian Luerssen gelang – die Habilitation ohne vorangegangene gymnasiale Ausbildung – war nach preußischen Vorschriften nicht möglich. Goepperts Einsatz und die Fürsprache einflußreicher Persönlichkeiten konnten nicht verhindern, daß Conwentz im Juni 1879 die Entscheidung der philosophischen Fakultät mitgeteilt wurde, ihn wegen der fehlenden humanistischen Bildung nicht zur Habilitation zuzulassen. Zur gleichen Zeit bot sich Conwentz jedoch ein anderer beruflicher Wirkungskreis. Schon länger hatten Professor Bail und andere Danziger Honoratioren die Gründung eines naturhistorischen Museums geplant und Hugo Conwentz als dessen künftigen Direktor umworben.

Museumsdirektor in Danzig

Im Jahr 1878 hatte der preußische Landtag die Aufteilung der seit knapp 50 Jahren vereinten Provinz Preußen beschlossen. Die neue Provinz Westpreußen mit ihrer Hauptstadt Danzig sollte nun auch ein Westpreußisches Provinzial-Museum für Natur, Geschichte, Gewerbe und Kunst erhalten. Zum 4. Januar 1880 übernahm Conwentz die Stelle des Gründungsdirektors, zunächst kommissarisch. Im leerstehenden Grünen Tor, einem repräsentativen Renaissancebau am Langen Markt, richtete er das Museum ein, das zu Beginn vor allem auf die Sammlungen der Naturforschenden Gesellschaft Danzigs zurückgreifen konnte. Conwentz oblag die Herrichtung der Ausstellungsräume, die Präsentation der Exponate und vor allem die Erweiterung der Sammlungen. Die 53. Versammlung deutscher Naturforscher und Ärzte wurde im September 1880 zum Rahmen für die Museumseröffnung, Conwentz gab der Versammlung zu Ehren außerdem eine umfangreiche Schrift über „Danzig in naturwissenschaftlicher und medizinischer Beziehung" heraus. In der Folgezeit ging er die Durchforschung seiner Provinz auf naturkundlichem, archäologisch-historischem und geologischem Gebiet an. Seine kommunikativen Fähigkeiten und sein Fleiß kamen ihm hier zugute. Neben den administrativen Möglichkeiten, die ihm Kraft seines Amtes zur Verfügung standen, hielt er vor allem engen Kontakt zu den naturwissenschaftlichen Vereinen der Provinz und den Lehrern. Eine große Zahl von Vor-

Das Grüne Tor in Danzig – Sitz des Provinzialmuseums

trägen auf Versammlungen und Lehrerkonferenzen zeugen davon. Exkursionen, Ausgrabungen und eine äußerst umfangreiche Korrespondenz waren der Weg zum Ausbau des Museums als wissenschaftlicher Einrichtung Westpreußens. Die Erforschung des Artenreichtums der Flora und Fauna und ethnologische Forschungen brachten dem Museum weit über die Provinz hinaus einen guten Ruf ein. Die Sammlung einheimischer prähistorischer Urnen lockte sogar Heinrich Schliemann nach Danzig.

In den Fußstapfen seines alten Lehrers Goeppert widmete er sich ab Mitte der 1880er Jahre wieder verstärkt der Erforschung der Bernsteinflora. Die Naturforschende Gesellschaft in Danzig besaß durch das Erbe der Bernsteinsammlung ihres Mitglieds Anton Menge, über die Goeppert gearbeitet hatte, nach Königsberg die weltweit größte Bernsteinsammlung. Mit der Fortsetzung von Goepperts „Flora des Bernsteins" in dem von ihm selbständig erarbeiteten und 1886 veröffentlichten Band über die Bedecktsamerfossilien, vor allem aber mit seiner „Monographie der baltischen

Bernsteinbäume" aus dem Jahr 1890 legte er seine bedeutendsten Arbeiten als Paläobotaniker vor. Daneben veröffentlichte er aber auch ständig Abhandlungen über lebende Pflanzen und ethnologisch-vorgeschichtliche Themen. Oft finden sich gleich mehrere Arbeiten über eine Pflanzengattung in seiner Bibliographie, etwa über die Himbeere oder die Eibe.

Die umfangreiche Arbeit als Museumsdirektor ließ ihn zahlreiche Dienstreisen und Exkursionen in der Provinz, im In- und Ausland unternehmen. Allein innerhalb Westpreußens unternahm er in den gut dreißig Jahren seines Wirkens am Provinzialmuseum fast 500 Reisen in alle Teile der Provinz. Dadurch wurde er nicht nur zu einem der besten Kenner der Natur und Geschichte des Gebiets. Conwentz nahm die Auswirkungen der zunehmend intensiver betriebenen Landwirtschaft und der wachsenden Industrie wahr, die zunehmend wertvolle Naturschätze bedrohten. Früh warnte er vor großflächigen Rodungen, die Bauern aus wirtschaftlicher Not betrieben, trat gegen die forstliche Kahlschlagswirtschaft auf und setzte sich für die Erhaltung besonders wertvoller Einzelpflanzen, Gebiete und Bodendenkmale ein. Von der Denkmalpflege im bau- und kunstgeschichtlichen Sinn übernahm er den Begriff des Naturdenkmals, den er auf Einzelerscheinungen wie auf zu schützende Gebiete anwendete. Im Jahr 1900 erschien als Ergebnis seiner forstdendrologischen Untersuchungen sein „Forstbotanisches Merkbuch" als „Nachweis der beachtenswerthen und zu schützenden urwüchsigen Sträucher, Bäume und Bestände im Königreich Preußen". Diese Aufstellung seltener und gefährdeter Naturerscheinungen der Provinz Preußen sollte das Vorbild ähnlicher Merkbücher für alle Provinzen sein. Conwentz vertraute nicht allein auf die freiwillige Rezeption seiner Erkenntnisse, sondern setzte auf die staatlich verordnete Umsetzung des Schutzgedankens und auf die pädagogische Vermittlung an den Schulen, für die er methodische Hinweise und Anschauungsmaterial erarbeitete. Durch die flächendeckende Verteilung des Merkbuches an Forstleute und Lehrer errichte er eine breite Wahrnehmung der Gefährdungen der Natur, über die er schrieb: „ Die urwüchsigen Bestände der Pflanzen- und Thierwelt werden vernichtet oder ihrer Lebensbedingungen beraubt, und künstliche Züchtungen treten an ihre Stelle. Soll nicht unser Volk der lebendigen Anschauung der Entwickelungsstadien der Natur gänzlich verlustig gehen, so ist es an der Zeit, die übrig gebliebenen hervorragenden Zeugen der

Vergangenheit und bemerkenswerthe Gebilde der Gegenwart im Gelände aufzusuchen, kennen zu lernen und möglichst zu schützen. Der Staat betrachtet es stets als eine seiner vornehmsten Aufgaben, neben den ihm anvertrauten materiellen, auch den ideellen Gütern seine Fürsorge zu widmen..."

Die Begründung des staatlichen Naturschutzes in Preußen und Europa

Wenn die Betrachtungsweise seines Forstbotanischen Merkbuches auch noch entwicklungsfähig war, gelang es Conwentz doch auf bemerkenswerte Weise und mit diplomatischem Geschick, die verschiedenen staatlichen und nichtstaatlichen Instanzen und betroffenen Personen einzubinden und das gemeinsame Interesse am Schutz der Natur herauszuarbeiten. Zwei Jahre lang bereitete er intensiv eine Denkschrift zum Naturschutz vor. In dieser Zeit finden sich kaum andere Publikationen aus seiner Feder, im Jahr 1903 sogar nur eine einzige. Im Jahr 1904 gelang ihm dafür der große Wurf, der zum Grundstein des staatlichen Naturschutzes in Preußen, Deutschland und schrittweise in ganz Europa, beginnend in Frankreich und Schweden, wurde. „Die Gefährdung der Naturdenkmäler und Vorschläge zu ihrer Erhaltung" stellte das Schutzanliegen auf gut 200 Seiten ausführlich dar. Neben einer preiswerten Schulausgabe erlebte dieses Gutachten allein bis 1911 vier Auflagen und erschien zuletzt zu ihrem hundertsten Jubiläum unverändert.

Eine Vielzahl von Vorträgen vor unterschiedlichem Publikum folgten, neue Vereinigungen wie der „Bund Heimatschutz", an dessen Gründung Conwentz in Dresden beteiligt war, entstanden. Im Jahr 1906 regte Hugo Conwentz zur Umsetzung des Schutzgedankens die Errichtung einer eigenen „Staatlichen Stelle für Naturdenkmalpflege in Preußen" an, die tatsächlich errichtet wurde – mit Sitz in Danzig und mit Conwentz als deren Leiter. Zunächst noch neben seiner Tätigkeit als Museumsdirektor entwickelte er eine noch intensivere Publikationstätigkeit, für die die von ihm begründeten „Beiträge zur Naturdenkmalpflege" und die Reihe „Naturdenkmäler" zu bedeutenden Medien wurden.

Zum 1. Oktober 1910 wurde der Sitz der Staatlichen Stelle nach Berlin in das alte Botanische Museum in der Grunewaldstraße verlegt. Conwentz, der vorübergehend bei seiner Schwester Anna seinen Wohnsitz nahm, wurde nunmehr zum hauptamtlichen Direktor der Stelle ernannt. Die feierliche Eröffnung der Stelle im Februar 1911 entbehrte zwar der ganz prominenten Namen – neben den wichtigsten Vertretern der Ministerialbürokratie kamen Rudolf Virchow und Conwentz' Mitstreiter Wilhelm Wetekamp als Vertreter des Reichstages – wurde aber dennoch zu einer eindrucksvollen Würdigung der Verdienste des Initiators der Stelle. Seine Tätigkeit entfaltete von Berlin aus noch größere Wirksamkeit in Deutschland und Europa. 1913 trat er in Bern auf der Ersten Internationalen Konferenz für Naturschutz für eine Ausweitung des Schutzgedankens ein. Nicht nur isolierte Objekte und Schutzgebiete sollten bewahrt werden, sondern die Natur insgesamt als Wert von der ganzen Bevölkerung wahrgenommen werden. Er trat für internationale Kooperationen im Naturschutz ein, legte aber auch Wert auf nationale Eigenständigkeit und ließ, gänzlich unideologisch, auch wirtschaftliche Belange zu ihrem Recht kommen.

Ehrungen und letzte Lebensjahre

Trotz seiner persönlichen Zurückhaltung ist immer wieder hervorzuheben, wie es Hugo Conwentz gelang, mit diplomatischem Gespür und pädagogischem Geschick Vertreter ganz unterschiedlicher Interessen aus Forst- und Landwirtschaft, Bürokratie und Politik, Grundbesitzern und einfachen Leuten für das Anliegen des Naturschutzes zu gewinnen. Vielfältige Ehrungen blieben nicht aus. Schon 1890 hatte der aus formalen Gründen nicht Hablilitierte den Professorentitel verliehen bekommen, 1904 wurde er zum Geheimrat ernannt. Neben deutschen Auszeichnungen erhielt er auch aus Schweden und Rußland Verdienstorden überreicht. Zahlreiche naturwissenschaftliche Vereinigungen führten ihn als Mitglied, einige ernannten ihn zum Ehrenmitglied. Allein 18 fossile und rezente Pflanzen und Tiere wurden Conwentz zu Ehren nach ihm benannt, der mit ihm befreundete schwedische Botaniker Alfred Gabriel Nathorst gab dem Kap Conwentz auf Spitzbergen den Namen seines Freundes.

Wenn der Erste Weltkrieg auch viele internationale Kontakte stark einschränkte, brachte doch ein Besuch Nathorsts im letzten Kriegsjahr eine nicht unerhebliche Wende in Conwentz' Leben. In Begleitung Nathorsts reiste Greta Ekelöf, die als Bibliothekarin der Stockholmer Reichsbibliothek tätig war. Der Funke zwischen ihr und dem 27 Jahre älteren Junggesellen Conwentz sprang nicht nur in fachlicher Hinsicht über und die beiden heiraten am 4. August 1919. Warum Conwentz nicht schon früher geheiratet hat, ist unbekannt. Spekulationen seiner Biographin Margarete Boie über die Prägung seines Frauenbildes durch die problematische Beziehung zu Mutter und Schwester mögen dahingestellt sein. Immerhin zeigt Boie, die Kontakt zu Greta Conwentz und Zugriff auf den schriftlichen Nachlaß Hugos hatte, daß es an Interessentinnen nicht gemangelt haben wird. Über Greta Conwentz jedenfalls läßt sich sicher sagen, daß sie ihrem Mann in dessen letzten drei Lebensjahren zur wertvollen Kollegin und Mitarbeiterin wurde. Sie war es auch, die mit der von ihr zusammengestellten Bibliographia Conwentziana eine der wichtigsten Würdigungen ihres Mannes hervorbrachte. Mehr als 260 Einzelveröffentlichungen, mehrere von ihm herausgegebene Periodika und eine große Zahl von ihm gehaltener Vorträge führt dieses Publikationsverzeichnis auf, das neben kleineren Lücken bewußt auch kleinere Artikel, Nachauflagen und Mehrfachveröffentlichungen nicht als eigene Positionen nennt.

Eigentlich hatte Greta Conwentz die Bibliographie als Geschenk zum 70. Geburtstag ihres Mannes geplant. Hierzu sollte es nicht mehr kommen. Im April 1922 mußte Hugo Conwentz an einem Geschwür im Nacken behandelt werden. Der anfangs gute Heilungsverlauf schlug um und entwickelte sich zu einer tödlichen Erkrankung, der Conwentz am 12. Mai 1922 erlag. Nach der Trauerfeier am 19. Mai wurde seine Urne auf dem Alten St. Matthäus-Kirchhof in Berlin-Schöneberg beigesetzt. Das Grab, in dem auch Greta Conwentz nach ihrem Tod im Jahr 1933 beigesetzt wurde, kam im Zuge der beginnenden Umgestaltung Berlins durch Albert Speer in den Jahren 1938/39 auf den Stahnsdorfer Südwest-Kirchhof, wo es im Bereich der Neuen Umbettung im Südteil der Anlage, Feld 17, Wahlstelle 178 zu finden ist. Neben einer imposanten Kiefer auf der Grabstelle ziert seit dem 150. Geburtstag des Begründers des staatlichen Naturschutzes in Europa auch wieder ein Portraitmedaillon seinen Grabstein, nachdem das Original gestohlen wurde.

Die Bibliothek und der schriftliche Nachlaß Hugo Conwentz' kamen nach seinem Tod nach Schweden an die Stifts- und Landesbibliothek Linköping. Nach dem Tod seiner Frau blieb nur die Bibliothek dort, der persönliche schriftliche Nachlaß kam nach Berlin zurück, wo er in den Kriegswirren verlorenging. Die bleibende Wirkung des Lebenswerkes von Hugo Conwentz liegt angesichts des heute zum Gemeingut gewordenen Gedankens des Natur- und Umweltschutzes einschließlich umfangreicher gesetzlicher

Conwentz-Grab in Stahnsdorf mit erneuertem Portraitmedaillon

Schutzvorschriften auf der Hand. Neben gesetzlichen Regelungen haben auch die pädagogische Vermittlung des Umweltschutzes und die wissenschaftliche Erforschung ökologischer Zusammenhänge in Hugo Conwentz einen bedeutenden Vorläufer und (Mit-)Begründer. Bis heute würdigt der Bundesverband Beruflicher Naturschutz alle zwei Jahre auf dem Deutschen Naturschutztag bedeutende Leistungen mit der 1986 gestifteten Hugo-Conwentz-Medaille.

Literatur:

- Albrecht Milnik: Hugo Conwentz – Klassiker des Naturschutzes. Sein Waldweg zum Naturschutz, 3. Aufl., Remagen-Oberwinter 2006

- Walter Schoenichen: Naturschutz, Heimatschutz – ihre Begründung durch Ernst Rudorff, Hugo Conwentz und ihre Vorläufer, Stuttgart 1954

- Margarete Boie: Hugo Conwentz und seine Heimat – Ein Buch der Erinnerung, Stuttgart 1940

- Hans-Jürgen Kämpfert: Hugo Conwentz aus Danzig in: Westpreußen-Jahrbuch, Bd. 47, 1997, S. 83 - 94

Als ausführliche Darstellung der Rolle Hugo Conwentz' bei der Entwicklung des Naturschutzes sei vor allem Albrecht Milniks Veröffentlichung empfohlen, die auch die Bibliographia Conwentziana von 1923 enthält. Die einzige Veröffentlichung, die auf dem schriftlichen Nachlaß beruht, ist Margarete Boies Buch, das dadurch bei manchen zeitgebundenen Einschränkungen seinen Wert behält. Fundierte lexikalische Artikel über Hugo und Anna Conwentz mit weiteren Hinweisen finden sich in der Altpreußischen Biographie.

Christian Luerssen (1843 – 1916) – Farnforscher und Botanikprofessor in Eberswalde und Königsberg i. Pr.

von Thomas Marin

Viele bekannte und bedeutende Persönlichkeiten haben auf dem Südwestkirchhof Stahnsdorf ihre letzte Ruhestätte gefunden. Neben den Prominentesten, wie Siemens, Breitscheid, Corinth oder Humperdinck finden sich hier auch die Gräber vieler Menschen, deren Namen zunächst nur Spezialisten auffallen, die aber doch auf ihrem Gebiet Bedeutendes geleistet und oft Bleibendes geschaffen haben. Die guten Wohnlagen im Einzugsgebiet des Friedhofs, der im Frühjahr 1909 eröffnet wurde, zogen Wissenschaftler, Künstler, Politiker und Industrielle an, die sich das Wohnen in angenehmer und doch stadtnaher Umgebung leisten konnten. So liest sich denn auch das Namensverzeichnis in Stahnsdorf begrabener Persönlichkeiten wie ein Lexikon des späten 19. und frühen 20. Jahrhunderts, von Arco, dem Funkpionier und Telefunken-Gründer, bis zu Heinrich Zille oder Caféhaus-Zuntz. Hin und wieder machen Nachfahren auf bedeutende Leistungen ihrer hier beigesetzten Verwandten aufmerksam, durch die das Verzeichnis erweitert wird. Auch neue Literatur und Archive führen gelegentlich zu Neuentdeckungen. Selten kommt es vor, daß Grabstätten, die noch völlig unbekannt waren, entdeckt werden und allein aufgrund der Angaben auf dem Grabstein zu Nachforschungen anregen. Eine solche Neuentdeckung gelang im April 2006 mit dem Auffinden des Grabes Christian Luerssens, der nach dem Urteil von Fachleuten zu den bedeutendsten und produktivsten botanischen Schriftstellern seiner Zeit zählte, wenige Wochen vor seinem 90. Todestag. Nur wenige Schritte vom Hauptweg des Friedhofs entfernt und doch – für einen Mann seines Fachs nicht ganz unangemessen – schon mitten „in der Botanik" lag das Grab im Dornröschenschlaf. Wie in vielen Teilen der als Waldfriedhof konzipierten Anlage sind die Gräber hier, im Block Gustav Adolf, von üppiger Vegetation überwachsen, die sich jahrzehntelang ausbreiten konnte, seit der Bau der Berliner Mauer im Jahr 1961 den Friedhof auf DDR-Gebiet und sein Westberliner Einzugsgebiet trennte. Für

Christian Luerssen (1843 – 1916)

die Menschen in Ost und West katastrophal, führten die Zeitumstände für Flora und Fauna zu beinahe paradiesischen Bedingungen. Viele seltene und bedrohte Tier- und Pflanzenarten haben hier ihren Lebensraum erhalten, deren Vorkommen in den letzten Jahren untersucht wurden. So ist es ein Zufall, daß das Grab Luerssens nicht von seinen Fachkollegen gefunden wurde. Mit Sicherheit wäre jeder Biologe aufmerksam geworden, wenn er den Grabstein entdeckt hätte, auf dem neben dem Professoren- und Geheimratstitel auch vermerkt ist, daß der Verstorbene Direktor des Botanischen Gartens und des Botanischen Instituts der Universität Königsberg war.

Jugend und Bildungsweg

Christian Luerssen kam am 6. Mai 1843 als Sohn des Zigarrenfabrikanten Johann Gerhard Luerssen in Bremen zur Welt, wo er auch seine Kindheit und Jugend verbrachte. Nach dem Besuch der besseren Volksschule hatte er wohl noch keine akademische Karriere im Blick. Mit dem Wunsch, Lehrer zu werden, wofür damals noch kein Hochschulstudium vorgeschrieben war, trat er Ostern 1858, also knapp fünfzehnjährig, in das Bremer Seminar des Pädagogen und Lehrbuchautors August Lüben ein. Damit gehörte Luerssen zu den ersten 21 Studenten des völlig neu gestalteten Lehrerseminars, mit dessen Aufbau der Bremer Senat Lüben beauftragt hatte. Da als Mindestalter das vollendete 16. Lebensjahr vorausgesetzt wurde, gab es für Luerssen und andere Seminaristen seines Alters die Möglichkeit, der dreijährigen Ausbildung einen Vorkurs voranzustellen, indem die unterste Klasse zweimal durchlaufen wurde.[1] Lüben, der selbst das Lehrerseminar in Neuzelle, aber nie eine Universität besucht hatte, übertrug seine Vorliebe für die Botanik und das Zeichnen auf seine Schüler. In den Fächern Spezielle Naturgeschichte und Botanik wurde intensiv mikroskopiert und gezeichnet, der Garten des Seminars wurde in einen Lehrgarten verwandelt, ähnlich einem kleinen botanischen Garten.[2] Wie Lüben bemüht war, den Unterricht an Volksschulen durch Bildtafeln und anderes Anschauungsmaterial zu bereichern, war später auch sein Schüler Luerssen bestrebt, seinen Studenten anschauliche Vorlesungen und Materialien anzubieten.[3] Seine Bücher zeichneten sich denn auch durch besonders reichhaltige Illustrationen aus, die er überwiegend selbst auf Holz zeichnete. Lüben muß große Stücke auf seinen Schüler gehalten haben, sonst hätten Angehörige und Verleger Lübens wohl kaum Luerssen ausgewählt, im Jahr 1879 eine Neubearbeitung seines „Leitfaden für den Unterricht in der Naturgeschichte" zu besorgen.

Nach Abschluß des Seminars begann Luerssen mit dem 1. April 1862 seine öffentliche Lehrtätigkeit in Bremen, die er ab April 1864 als Lehrer für Naturwissenschaften an der dortigen höheren Töchterschule fortsetzte.[4] Auch ohne die eigentlich erforderliche Bildung auf einem Gymnasium erhalten zu haben, begann Luerssen im Herbst 1866 ein zweijähriges Studium an der Universität

---

[1] vgl. Lüben, A., August Lüben – sein Leben und seine Schriften – von ihm selbst beschrieben, Sonderdruck aus: Die Volksschule des XIX. Jahrhunderts", Leipzig, 1872, S. 121-123
[2] vgl. ebd. S. 128f
[3] zu Luerssens Haltung hierzu vgl. u.a. Luerssen, Chr., Beiträge zur Kenntnis der Flora West- und Ostpreussens I-III, Bibliotheca Botanica, Heft 28, Stuttgart, 1894, S. 2
[4] vgl. Archiv Humboldt-Universität Berlin (HUB), Bestand Forstakademie Eberswalde, Prof. d. Botanik, Acta Personalia 208/104-107, Zusammenfassung des Lebenslaufs im Empfehlungsschreiben des Akademiedirektors an Minister Lucius

Jena. Die Unterstützung des Bremer Senats, durch die ihm dieses Studium erst ermöglicht wurde, schränkte die Dauer seines Aufenthalts an der Universität andererseits stark ein. So belegte Christian Luerssen neben der Botanik und Zoologie auch die Fächer Chemie, Physik, Mineralogie und Geologie, während „bei der mir gegebenen knappen Studienzeit ein eingehendes Studium der höheren Mathematik nicht möglich war"[5], wie Luerssen später bei der Bewerbung um seine erste Professur betonte. Da die Prüfungsordnung die Mathematik vorschrieb, wurde im Zeugnis, mit dem die Befähigung zum Unterricht an höheren Lehranstalten nachgewiesen wurde, die Physik als Unterrichtsfach ausgeschlossen. Allerdings hatte Luerssen durchaus Physik studiert, mindestens, so betonte er, soweit sie für die Botanik in Betracht kommt. Als Beleg konnte Luerssen hier ein eigenes Zeugnis des Jenaer Physikers Ernst Abbe ins Feld führen.[6] Die Studien wurden durch praktische Übungen in den botanischen, zoologischen und chemischen Laboratorien der Universität ergänzt, bis im Sommer 1868 die Promotion zum Dr. phil. mit einer Arbeit „Ueber den Einfluss des rothen und blauen Lichtes auf die Strömung des Protoplasma in den Brennhaaren von Urica und den Staubfadenhaaren der Tradescantia virginica"[7] deren erfolgreichen Abschluß bildete.

Lehrbuchautor und Dozent in Leipzig

Zunächst kehrte Luerssen in seine Heimatstadt Bremen zurück, wirkte ab Oktober 1868 als Realschullehrer für Naturwissenschaften und bestand die vom Bremer Senat vorgeschriebene Lehrerprüfung.[8] Schon im April 1869 konnte er jedoch eine Assistentenstelle beim Leipziger Botanikprofessor August Schenk antreten, mit der auch die Tätigkeit als Botanikdozent am neugegründeten landwirtschaftlichen Institut verbunden war.[9] Etwa zu dieser Zeit muß Luerssen seine Frau Hedwig geheiratet haben, die Anfang 1870 das erste Kind zur Welt brachte. Mindestens fünf weitere Kinder folgten bis 1888 und beeinflußten nicht nur das persönliche Leben Luerssens, sondern wirkten auch auf seine wissenschaftli-

---

[5] Luerssen an Akademiedirektor Danckelmann, 6.9.1884, Archiv HUB, aaO. 208/113
[6] vgl. ebd.
[7] in: Abhandlungen des naturwissenschaftlichen Vereins zu Bremen II., 1869, S. 50-76
[8] vgl. Archiv HUB, aaO. 208/105
[9] vgl. Österr. Botan. Zeitschrift, 19. Jahrg., Nr. 4, Wien, April 1869, S. 130

che Karriere ein. Über seine persönlichen Lebensumstände ist insgesamt wenig bekannt, doch geben die erhalten gebliebenen Akten über die Berufung Luerssens auf den Lehrstuhl für Botanik an der Königlichen Forstakademie in Eberswalde aus dem Jahr 1884 einige Anhaltspunkte. Zuerst finden sich hier jedoch Einschätzungen seiner wissenschaftlichen und Lehrtätigkeit in Leipzig.

Den Urteilen seiner Fachkollegen zufolge, muß Christian Luerssen ein ausgesprochenes pädagogisches Talent gehabt haben, das sich in einhelligem Lob seines Vortragsstils und Hinweisen auf seine im Vergleich zu anderen Dozenten gut besuchten Lehrveranstaltungen niederschlägt. Seine pädagogischen Qualitäten als Hochschullehrer konnte Luerssen als Autor umfangreicher botanischer Lehr- und Handbücher wie auch bei der Bearbeitung von Lehrwerken anderer Autoren, um die er von Verlegern gebeten wurde, einsetzen. Seine flüssig geschriebenen und doch präzisen Bücher fanden weite Verbreitung und wurden allgemein anerkannt. Die Tatsache, daß allein seine „Grundzüge der Botanik - Repetitorium für Studierende der Naturwissenschaft und Medicin und Lehrbuch für polytechnische, land- und forstwirtschaftliche Lehranstalten" zwischen 1877 und 1893 fünf Auflagen erlebte, wäre schon Lob genug. Die allgemeine Anerkennung und weite Verbreitung, die sein „Handbuch der systematischen Botanik"[10] und eine auf Arzneipflanzen beschränkte Kurzfassung von „nur" 664 Seiten[11] fanden, wird noch durch das Lob Oskar Brefelds, der Luerssens Vorgänger als Botanikprofessor in Eberswalde war, übertroffen. „...in pädagogischen Leistungen und compilatorischen Arbeiten übertrifft Luerssen alle anderen Bewerber (um den Eberswalder Lehrstuhl)... Luerssen ist einer der ersten jetzt lebenden botanischen Schriftsteller, seine Lehr- und Handbücher sind die besten, die es zur Zeit gibt."[12] Neben verschiedenen Rezensenten, die besonders die detaillierten Darstellungen der Pflanzen

---

[10] Handbuch der systematischen Botanik mit besonderer Berücksichtigung der Arzneipflanzen. 2 Bde. 412 Abb., Leipzig, Hässel 1879-82, Bd. 1: XII, 657; Bd. 2: X S., 1 Bl., 1229 S. (= Medizinisch-pharmaceutische Botanik... für Botaniker, Ärzte u. Apotheker)

[11] Die Pflanzen der Pharmacopoea germanica, botan. erläutert von Chr. Luerssen, Leipzig, Haessel, 1883 664 S.

[12] Prof. Dr. Brefeld an Akademiedirektor Danckelmann, 29.6.1884, Archiv HUB, aaO. 208/25

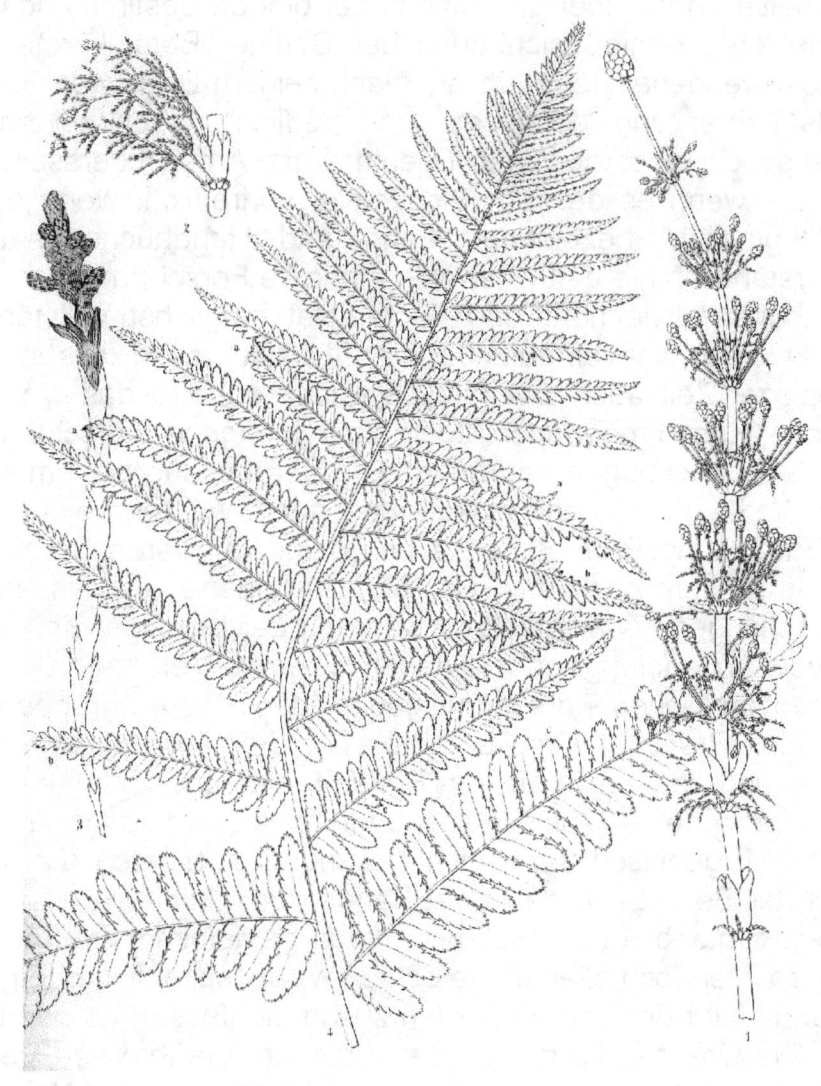

von Luerssen gezeichnet: Wurmfarn und Wald-Schachtelhalm
(aus „Die Pflanzengruppe der Farne", 1874)

Dem Vorbild seines Lehrers am Bremer Lehrerseminar, August Lüben, folgend, legte Christian Luerssen größten Wert auf gutes Anschauungsmaterial für seine Lehre. Seine Buchveröffentlichungen stattete er mit hunderten detailgetreuen Darstellungen aus, die er selbst zeichnete.

bei dennoch bester praktischer Verwendbarkeit lobten, die Luerssens Arbeiten „hoch über das Niveau der bloßen Bestimmungsbücher" stellten[13], schloß sich auch der Berliner Botanikprofessor Simon Schwendener dem Lob an. Nach seinem Urteil war Luerssen „als Lehrer und Verfasser ... vortrefflich".[14] Schwendeners Zeugnis spricht aber auch ein Dilemma der Arbeit Luerssens in Leipzig an, wenn es dessen Bücher als „vortrefflich, wenn auch ohne Originalität" bezeichnet. Lehr- und Handbücher haben selbstverständlich nie den Anspruch, neueste Forschungen darzustellen, sondern vielmehr das Fachgebiet möglichst vollständig und methodisch sinnvoll aufzubereiten. Hat Luerssen dies in seiner Leipziger Zeit auch zweifellos erreicht, so wird das wissenschaftliche Renommee doch zuerst durch eigene Forschungen und neue Entdeckungen begründet. Die Bearbeitung der umfangreichen Werke, seine Lehrtätigkeit, besonders während einer längeren Erkrankung Prof. Schenks und seine familiären Verpflichtungen ließen ihm nur wenig Freiraum für eigene wissenschaftliche Forschungen. Zwar entstand während der Leipziger Zeit eine Reihe von Abhandlungen, von denen sich die Mehrzahl mit seinem hauptsächlichen Forschungsgebiet, der Pflanzengruppe der Farne oder Pteridophyten, befaßte. Die Farnflora Australiens, Ozeaniens und anderer in diesem Bereich noch unerforschten Gebiete wurde in den 1870er Jahren Luerssens Forschungsschwerpunkt. Die Ergebnisse seiner Untersuchungen bildeten u.a. den Großteil der Beiträge in den zwei Bänden der „Mittheilungen aus dem Gesammtgebiete der Botanik", die er gemeinsam mit Schenk herausgab. Dennoch blieben die echten wissenschaftlichen Eigenleistungen hinter der Lehre und den zusammenfassenden Werken zurück. Die Übernahme der großen Arbeiten, die ihm von Verlegern angetragen wurden, war dabei wohl weniger einer Neigung Luerssens, dicke Bücher in Fleißarbeit zu verfassen und Bücherschränke zu füllen, geschuldet. Vielmehr „dürfte hierzu zu beachten sein, daß Dr. L. in Folge seines geringen Gehaltes (etwa 1800 Mark) fortdauernd, zum Unterhalt seiner Familie, zu schriftstellerischen Arbeiten, zur Verfassung von Lehrbüchern gezwungen ge-

---

[13] Rezension zu Chr. Luerssen, Die Farnpflanzen oder Gefässbündelkryptogamen, (Dr. L. RABENHORST's Kryptogamen-Flora von Deutschland, Oesterreich und der Schweiz. 2. Aufl.) in Bot. Centralblatt, Mai 1884, S. 292ff; Übersicht der Rezensionen in Stafleu, F. A.; Cowan, R. S., Taxonomic Literature – a selective guide to botanical publications and collections, Vol. III, Utrecht 1981, 187f

[14] Schwendener an Geheimrat Althoff vom Kultusministerium, 2.3.1884, Archiv HUB, aaO. 208/62-63

wesen ist.", wie der Leipziger Dozent Neumann auf eine Anfrage aus Eberswalde hin bemerkte.[15] Die ständigen finanziellen Notlagen belasteten Luerssen derart, daß Neumann ihn als „vielleicht ein wenig geprägt durch den Druck der Armseligkeit" beschrieb und ihm wünschte, er möge „durch eine auskömmliche Stelle dieser Bürde enthoben" werden. Die Voraussetzungen für eine „auskömmliche Stelle" waren nach der bereits 1872 mit einer Arbeit zur Entwicklungsgeschichte der Farn-Sporangien erfolgten Habilitation[16], längst gegeben. Im Rahmen der Leipziger Universität schienen die Möglichkeiten für den Privatdozenten Luerssen jedoch erschöpft zu sein, nachdem ihm 1881 sein Professor Schenk die Stellung als Kustos des Universitäts-Herbariums vermittelt hatte, die er zusätzlich zu seiner Lehrtätigkeit ausfüllte.

Professor in Eberswalde – Berufung mit Hindernissen

Die Berufung des Eberswalder Botanikprofessors Oskar Brefeld nach Münster im Jahr 1884 und die dadurch entstehende Vakanz der Professur an der Königlichen Forstakademie in Eberswalde muß sich für Luerssen als vielleicht letzte Chance dargestellt haben, doch noch eine berufliche Stellung zu erreichen, die ihn wissenschaftlich zufriedenstellen und seiner Familie ein hinreichendes Einkommen sichern konnte. Nicht nur der soziale Aufstieg zum Professor und das höhere Gehalt werden den inzwischen 41-jährigen interessiert haben. Die Forstakademie stand zwar nicht im Rang einer Universität, doch hatte sie seit ihrer Gründung im Jahr 1830 und insbesondere unter ihrem seit 1866 amtierenden Direktor Bernhard Danckelmann einen sehr guten Ruf bis ins Ausland erworben. Danckelmann, der die Akademie mit nur fünf Lehrkräften übernommen hatte, trieb den Ausbau des Lehrkörpers voran und stärkte die Forschung, immer bemüht, den Neuerungen durch geeignete Besetzungen der Professuren eine stabile Basis zu geben. Nach der Aufteilung des Lehrgebiets Naturwissenschaften im Jahr 1869 gelang eine solche dauerhafte Lösung für die Zoologie

---

[15] Dr. C. Neumann, Leipzig, am 6.5.1884 an Prof. Müttrich, Eberswalde, Archiv HUB, aaO. 208/76

[16] vgl. Archiv HUB, aaO. 208/113, s. Anm. 5; die Habilitatiosschrift zum Thema „Beitrage zur Entwicklungsgeschichte der Farn-Sporangien.- Das Sporangium der Marattiaceen. 1. Marattia, 2. Danaea, Kaulfussia u. Angiopteris erschien in: Mittheil. aus d. Gesammtgeb. d. Botanik, Leipzig , I (1872), S. 313-344, Taf. 20-22 und II (1874), S. 1-42, Taf. 1-4

Gebäude der Königlichen Forstakademie Eberswalde

mit der Berufung Bernard Altums, während die Situation in der Botanik für Danckelmann weniger zufriedenstellend war. Mit Brefeld verließ nach Robert Hartig bereits der zweite Botaniker die Akademie, für den Danckelmann mit großer Sorgfalt einen Nachfolger zu suchen begann.[17] Ein gutes Dutzend Bewerber um die Botanikprofessur war im Gespräch, darunter einige, die bereits Professoren und meistens jünger als Luerssen waren. Vertrauliche Anfragen wurden an Botaniker und andere Personen, die mit den Lebensumständen und der Arbeit der Interessenten vertraut waren, gerichtet und ausgewertet. Große Teile des hierzu geführten Briefwechsels sind erhalten geblieben und geben Aufschluß darüber, welche Kriterien für die Berufung eines Professors relevant waren oder wenigstens von einigen Beteiligten dafür gehalten wurden.

Die allseits gepriesene Qualifikation Dr. Christian Luerssens als Lehrer und botanischer Schriftsteller wie auch seine bis dahin eher begrenzte Leistung als wissenschaftlicher Forscher wurden bereits angesprochen. Ein Handikap stellte auch der ungewöhnliche Bildungsweg über das Lehrerseminar und unter Auslassung der klassischen gymnasialen Bildung dar, dem Danckelmann in seiner Empfehlung an den zuständigen Preußischen Minister für Land-

---

[17] vgl. Milnik, Albrecht, Bernhard Danckelmann – Leben und Leistungen eines Forstmannes, Suderburg, 1999, S. 51f

wirtschaft, Domänen und Forsten aber die langjährige Tätigkeit in Leipzig und die Veröffentlichungen offensiv entgegenstellte.[18] Luerssens Befürchtungen in dieser Frage, die ihn sein Bewerbungsschreiben sehr vorsichtig und die Einwände vorwegnehmend formulieren ließen, erwiesen sich so als unbegründet. Auch sein Hinweis darauf, er sei nur deshalb ungedient, weil er durch seine Herkunft aus Bremen keiner Militärpflicht unterlag – die Allgemeine Wehrpflicht galt dort erst ab 1866, als Bremen dem Norddeutschen Bund beitrat und Luerssen mit 23 Jahren das Alter für den aktiven Dienst bereits überschritten hatte – wurde im Verlauf des Auswahlverfahrens nicht mehr erwähnt.[19] Das höhere Lebensalter erwies sich sogar als Pluspunkt, waren sich doch Danckelmann und Minister Lucius einig, daß damit die Chance auf ein längeres Verbleiben an der Akademie steige.[20] Bedenken ganz anderer, eher allgemein gesellschaftlicher Art wurden durch Professor Schwendeners Zeugnis über Luerssen hervorgerufen. Nach einem Lob seiner Schriften und vor dem Hinweis, Luerssen sei für Universitäten weniger, für Forstschulen jedoch durchaus tauglich, ließ sich Schwendener über Luerssens Frau Hedwig aus. „Durch seine Heirat mit einer unglaublich ungebildeten Frau in eine schiefe Stellung gebracht; sonst wäre er wohl längst Extraordinarius", schrieb der Berliner Botaniker zu Beginn des Berufungsverfahrens im März 1884 an Geheimrat Friedrich Althoff im Kultusministerium, und setzte in Anführungszeichen hinzu: „An allen seinen Leiden ist nur die Liebe Schuld." Nicht erst der heutige Leser, sondern auch der Akademiedirektor stand dieser saloppen Aussage etwas hilflos gegenüber. Wie sie zu interpretieren war und worauf Schwendener anspielte, ob Frau Luerssen sich in der akademischen Gesellschaft Leipzigs unmöglich gemacht oder sich dieser nur entzogen hatte, geht aus der Äußerung nicht hervor. Es spricht für Danckelmann, daß er sich der Mühe unterzog, genauer nachzuforschen, statt die Bewerbung Luerssens mit diesem, unter damaligen Umständen durchaus rufschädigenden, Urteil zu belasten. Eine erneute Nachfrage bei Geheimrat Althoff sollte Klärung bringen, wobei Danckelmann seine Denkweise klarstellte: „Ich bin der Meinung, daß die Bildung der Frau selbst unter unseren kleinen Verhältnissen nicht ausschlaggebend für die Berufung ihres Man-

---

[18] vgl. Archiv HUB, aaO. 208/104-107, s. Anm. 4
[19] vgl. Bewerbungsschreiben vom 23.06.1884, Archiv HUB, aaO. 208/77-78
[20] vgl. Schreiben Minister Lucius an Danckelmann, 8.7.1884 und Danckelmann an Geheimrat Althoff, 2.9.1884, Archiv HUB, aaO. 208/88 und 208/97

nes ist, hielte es aber für unerläßlich, daß ihr Ruf ein tadelfreier ist. Die in dieser Hinsicht eingezogenen Erkundigungen haben nichts Nachtheiliges ergeben." Durch einen Besuch bei Familie Luerssen in Leipzig konnte Danckelmann sogar auf eigene Erfahrungen hinweisen: „Auch hat mir Frau Dr. L. bei einem kürzlich ... gemachten Besuche den Eindruck einer braven, pflichttreuen, lediglich ihrer Familie lebenden Frau gemacht."[21] Eine Antwort Althoffs ist nicht erhalten, doch läßt das bereits vier Tage später verfaßte Schreiben Danckelmanns an den Minister, in dem er Luerssen zur Berufung empfahl, auf eine günstige Auskunft schließen. Luerssen dürfte von diesen Vorgängen nichts erfahren haben, die zwar sehr diskret behandelt wurden, aber doch beinahe zu einem Stolperstein für seine Karriere geworden wären.

Mit Wirkung vom 1. Oktober 1884 wurde Christian Luerssen durch eine entsprechende Verfügung des Kaisers vom 17. September 1884 die Professur der Botanik an der Königlichen Forstakademie Eberswalde verliehen. Die Bezüge, die Luerssen für diese Stelle zugewiesen wurden, waren mit über 3700 Mark gut doppelt so hoch wie seine Leipziger Einkünfte.[22] Zunächst ergaben sich aber auch zusätzliche Belastungen. Um schnellstmöglich in Eberswalde verfügbar zu sein, nahm Luerssen eine vorläufige Wohnung, von der aus er seine Vorlesungen aufnehmen und sich vor Ort orientieren wollte. Während er seine persönlichen Bücher und Materialien für die Vorlesungen des Wintersemesters mitnahm, blieb die Familie in Leipzig zurück, um erst im Frühjahr nachzuziehen.[23] Ein überstürzter Umzug mit Frau und vier Kindern schien nicht sinnvoll, andererseits waren die Aufwendungen für Reisen und die doppelte Haushaltsführung nicht unbedeutend. Preußischen Staatsbeamten, zu denen der neuernannte Akademieprofessor nun gehörte, stand ein Zuschuß zu den Umzugskosten zu, dessen Höhe sich nach dem Rang des Beamten richtete. Luerssen hätte in diesem Fall die Zahlung von 720 Mark zugestanden, außerdem waren ihm im Ernennungsschreiben die Reisekosten zugesagt worden, die mit gut 45 Mark abgerechnet wurden. Derartige Zahlungen waren auf dem Dienstweg, also über Danckelmann, zu beantragen. Der äußerst fürsorgliche Direktor der Eberswalder Akademie führte in seinem Antrag an das Mini-

---

[21] Schreiben Danckelmanns an Althoff, 2.9.1884, Archiv HUB, aaO. 208/97
[22] vgl. Ernennungsschreiben vom 22.9.1884, Archiv HUB, aaO. 208/116-117
[23] vgl. Luerssen an Danckelmann, 20.9.1884, Archiv HUB, aaO. 208/114

sterium alle Fakten auf, die eine Zahlung rechtfertigen konnten, von der Größe der Familie über das Fehlen jeglicher Rücklagen bis zur Beschreibung der umfangreichen Sammlungen und Lehrmaterialien, die Luerssen von Leipzig mitbrachte und die eine außerordentliche Bereicherung für die Akademie darstellten. Alle Mühe und Fürsprache erwies sich in diesem Fall jedoch als nutzlos. Vom Landwirtschafts- und Forstministerium erhielt Danckelmann die Antwort, der Finanzminister habe keinen Grund gefunden, die beantragte und durch gesetzliche Regelungen abgedeckte Entschädigung zu zahlen. Selbst die Luerssen bereits zugesagten Reisekosten wurden für „unthunlich" angesehen, vom Ministerium aber pauschal mit 50 Mark abgegolten. Diese Ablehnung brachte Luerssen in einige Schwierigkeiten. In einem nachgeschobenen nochmaligen Antrag schilderte Danckelmann eindringlich die finanzielle Lage seines neuen Botanikers, der ohne jedes Vermögen war und für den er wenigstens 300 Mark Entschädigung und eine schnellstmögliche Gehaltserhöhung erbat. Eine weitere Ablehnung war die Antwort des Ministeriums, das vage eine baldige Aufbesserung der Bezüge versprach. Um die anfallenden Kosten decken zu können, war Luerssen gezwungen, sich einen für seine Verhältnisse nicht unbedeutenden Betrag zu leihen. Die Rückzahlung dieses Startdarlehens sollte ihm während seiner vierjährigen Tätigkeit an der Forstakademie nicht gelingen.[24]

Am 17. Oktober 1884 wurde Luerssen offiziell in sein neues Amt eingeführt, indem er im Konferenzzimmer der Akademie seinen neuen Kollegen vorgestellt und ihm durch Danckelmann vor dem versammelten Lehrkörper der Preußische Staatsdienereid abgenommen wurde. Von seinem Vorgänger Brefeld hatte Luerssen bereits im September alle Unterlagen, Verzeichnisse und Sammlungen übernommen, für die der Botanikprofessor verantwortlich war. Unterstützt von einem Forstsekretär, dessen Hilfe Danckelmann ihm angeboten hatte, arbeitete sich Luerssen in den Lehrbetrieb und in seine Forschungsarbeiten im Rahmen der forstlichen Versuchsstation ein.[25] Über die Tätigkeit Luerssens in Eberswalde liegen nur wenige Zeugnisse vor. Sein Ruf, der ihn

---

[24] vgl. Anträge Danckelmanns vom 13.11.1884 und 12.2.1885, Antworten Ministerium vom 6.1.1885 und 25.2.1885, Archiv HUB, aaO. 208/121-122, 126-128
[25] vgl. Protokolle der Übergabe am 30.9.1884 und der Einführung am 17.10.1884, Archiv HUB, aaO. 208/115+119

aus Leipzig begleitete, seine bereits vor seinem Wechsel auch in Eberswalde benutzten Lehr- und Handbücher, seine Fähigkeit, klar und verständlich zu dozieren und sein Bemühen um Anschaulichkeit in der Darstellung unter Verwendung vielfältigen Materials und selbstgefertigter Zeichnungen, dürften ihre Wirkung bei Schülern und Kollegen nicht verfehlt haben. Dabei beschränkte sich die Wertschätzung für Luerssen längst nicht auf die kleine Forstakademie mit ihren 148 Studenten, die im Wintersemester 1885 eingeschrieben waren.[26] Der Tübinger Forstwissenschaftler Tuisko Lorey zog Luerssen für sein „Handbuch der Forstwissenschaft" als Autor des umfangreichen Kapitels über die Forstbotanik heran.[27] Mindestens 15 Jahre lang prägte dieses Standardwerk die Ausbildung der Forstleute und begleitete deren Arbeit, bis 1903 eine Neubearbeitung von Loreys Handbuch mit neuen Autoren aufgelegt wurde. Luerssens eigene Forschungsarbeiten befaßten sich, wie schon in Leipzig, in besonderer Weise mit den Pteridophyten – der Pflanzengruppe der Farne. Seine eigenen Forschungen und wissenschaftlichen Beiträge hatten sich in Leipzig insbesondere auf die Farne Australiens, Polynesiens und anderer tropischer Gebiete bezogen, wobei Herbarien anderer Sammler untersucht wurden.[28] In Eberswalde standen nun stärker einheimische Vorkommen im Blickfeld der Arbeiten Luerssens, für die er auf seine eigenen Sammlungen und die Ergebnisse der regelmäßigen Akademieexkursionen zurückgreifen konnte.[29] Dies korrespondierte wohl auch mit der Fortsetzung seiner Arbeit an der umfangreichen Gesamtdarstellung der Farnpflanzen Deutschlands, deren beide erste Lieferungen Luerssen noch in Leipzig vorlegte, und die erst in Königsberg vollendet werden sollte.[30]

---

[26] vgl. Archiv Fachhochschule Eberswalde, Bestand Kgl. Forstak., Acta specialia, Vol. IV, 1883-90, o. Blattnr., ebenso Lorey, Tuisko, Forstlicher Unterricht und forstliches Versuchswesen, in Lorey, Tuisko (Hrsg.), Handbuch der Forstwissenschaft, Tübingen 1888, Bd. 1.1, S. 95

[27] Chr. Luerssen, Forstbotanik – Grundriß der speziellen Morphologie der deutschen Bäume und Sträucher, der wichtigsten Arten der Waldbodenflora, sowie der baumverderbenden Pilze. in Lorey, Tuisko (Hrsg.), Handbuch der Forstwissenschaft, aaO. , S. 321-513

[28] größere Arbeiten in diesem Themengebiet waren etwa: Zur Flora von Queensland , Journ. Mus. Godeffroy, Hamburg, 3: 1-22 (1873) & 3: 233-254 (1875) auf Basis der Sammlung der Amalie Dietrich, sowie Filices Graeffeanae. Beitrag zur Kenntnis der Farnflora der Viti-, Samoa-, Tonga- und Ellice's Inseln, in: A. Schenk u. Chr. Luerssen (Hrsg.), Mittheilungen aus dem Gesamtgebiete der Botanik, Bd. 1, S. 57-312, Leipzig 1874

[29] z.B. Berichte über neue Standorte seltener Farne, Berichte d. Deutsch. Bot. Ges., 4, 1886, S. 422-432 und Berichte d. Deutsch. Bot. Ges., 5, 1887, 101-103

[30] Chr. Luerssen, Die Farnpflanzen oder Gefässbündelkryptogamen, (Dr. L. RABENHORST's Kryptogamen-Flora von Deutschland, Oesterreich und der Schweiz. 2. Aufl.,

Luerssens Expertise auf dem Gebiet der Farne spiegelte sich auch in seiner langjährigen Mitwirkung an den Florenberichten der Deutschen Botanischen Gesellschaft wider, zu denen er jeweils das Kapitel über die Pteridophyten beisteuerte.[31] Die mangelhafte Ausstattung der Akademie setzte den Forschungen des Botanikers allerdings Grenzen. So begründete Luerssen die Unzulänglichkeit des ersten Florenberichts, an dem er mitwirkte, damit, „daß

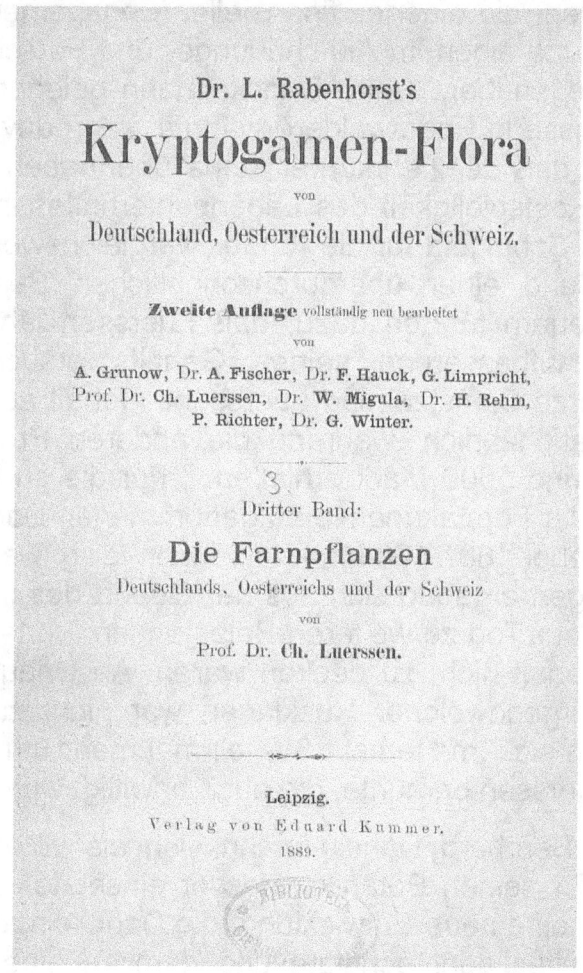

Luerssens Standardwerk über die Farnpflanzen

dem Referenten eine umfangreichere Spezialliteratur in Eberswalde nicht zu Gebote steht und dass zahlreiche Amtsgeschäfte ihn

---

vollständig neu bearbeitet v. A. Grunow, F. Hauck u.a., Dritter Band: Die Farnpflanzen Deutschlands, Oesterreichs und der Schweiz). Leipzig 1889, (14 Lieferungen 1884-1889), XII+905 S., 225 Abb.
[31] vgl. Berichte d. Dt. Bot. Gesellsch., Bd. IV bis XX, 1886 bis 1902

bisher an eingehender Benutzung Berliner Bibliotheken hinderten"[32]

Die persönlichen Verhältnisse der Familie Luerssen mögen sich in den Eberswalder Jahren etwas entspannt haben, von einem sorgenfreien Leben konnte aber keine Rede sein. Der bereits beschriebenen Einkommenssituation standen die höheren Ausgaben eines standesgemäßen Professorenhaushalts und die dienstlichen Verpflichtungen, die eigenes finanzielles Engagement wenigstens bei Literatur und eigenem Anschauungs- und Forschungsmaterial erforderte, gegenüber. Wenn Danckelmann gelegentlich die kleinen Verhältnisse in Eberswalde erwähnte, kann davon ausgegangen werden, daß der Lehrkörper keine übertriebenen Ansprüche stellte. „Die Kostspieligkeit des Lebensunterhaltes in Eberswalde" [33] mit hohem Schulgeld für die Kinder, vergleichsweise teuren Lebensmitteln und einer überdurchschnittlichen Belastung durch Kommunalsteuern führten dazu, daß Luerssen jährlich um eine zusätzliche Aufbesserung seines Gehalts ersuchen mußte.[34] Durch die kurze Dienstzeit lag Luerssens Gehalt auch 1887 noch bei 3600 Mark jährlich, während die anderen Professoren zwischen 5200 und 5500 Mark erhielten.[35] Für die zu Beginn seiner Tätigkeit an der Forstakademie aufgenommenen Darlehen wurden allein im Oktober 1887 100 Mark an Zinsen fällig, weitere finanziellen Belastungen ergaben sich aus der Geburt des fünften Kindes, dessen baldiger Tod zu weiteren Belastungen führte, die aus dem laufenden Gehalt nicht zu decken waren. An Urlaubsreisen oder die Bildung irgendwelcher Rücklagen war nicht zu denken, als Danckelmann sich im Herbst 1887 einmal mehr um eine Gehaltszulage für Luerssen bemühte, die auch bewilligt wurde.[36]

Während Bernhard Danckelmann sich als väterlicher Akademiedirektor für seinen Botanikprofessor einsetzte, ergab sich zur gleichen Zeit eine neue Entwicklung, die Danckelmann, der Luerssens Fähigkeiten sehr schätzte und dem an einer stabilen Zusammensetzung des Lehrkörpers gelegen war, nicht gefallen konnte. Der Königsberger Botanikprofessor Robert Caspary war

---

[32] ebd., Bd. 4, 1886, S. CCXXXVII
[33] Schreiben Danckelmanns an Ministerium, 12.2.1885, Archiv HUB, aaO. 208/127
[34] vgl. Schreiben Danckelmann an Ministerium, 11.10.1887, Archiv HUB, aaO. 208/136
[35] vgl. Jahresrechnung, Archiv Fachhochschule Eberswalde, aaO., Bestand Kgl. Forstak., Acta specialia der Hauptstation des forstl. Versuchswesens betr. die Jahresberichte, Vol. II, 1889, o. Blattnr.
[36] vgl. Anm. 31, Antwort des Ministeriums vom 14.10.1887, Archiv HUB, aaO. 208/137

im September 1887 verstorben und so begann die Suche nach einem Nachfolger auf dem Lehrstuhl der Königsberger Universität. Unter anderen in Frage kommenden Kandidaten, wurden auch über Christian Luerssen Erkundigungen eingeholt. Am gleichen Tag, an dem die Bestätigung der letzten Gehaltszulage bei Danckelmann eintraf, erreichte ihn eine Anfrage des Königsberger Chemikers und Entdeckers der Kokain-Formel Wilhelm Lossen. Die Anfrage an sich läßt schon auf eine Entwicklung schließen, die Luerssen als Wissenschaftler in der kurzen Zeit an der Forstakademie durchgemacht haben muß, hieß es doch vor seiner Berufung noch, er sei für Universitäten wegen mangelnder Forschungsleistungen kaum zu empfehlen.[37] Etwas mehr als drei Jahre später bestand in Königsberg kaum Zweifel an Luerssens wissenschaftlichen Qualitäten. „Es handelt sich namentlich um die Frage, ob derselbe (Luerssen) ein anregender Lehrer ist und einen guten Vortrag hat; über seine wissenschaftlichen Leistungen urteilen Fachgelehrte recht günstig"[38], schrieb Lossen. Gerade über seine Fähigkeiten als Hochschullehrer hatten aber seinerzeit alle Befragten höchstes Lob gesungen, als es um die Berufung nach Eberswalde gegangen war. Gewisse Einseitigkeiten in Luerssens wissenschaftlichem Profil waren zwar bekannt. In der Empfehlung der Königsberger Fakultät an Minister von Goßler hieß es aber: „Seine Verdienste liegen ausschließlich auf systematischem Gebiete. Hier aber ist er unbedingt einer unserer kenntnisreichsten Vertreter, sowohl was die heimische Flora, als auch was die tropische anbelangt. Außerdem aber beherrscht Luerssen das ganze übrige Gebiet der Botanik (Anatomie, Physiologie u.s.w.)"[39] Danckelmann muß die Gefahr des Weggangs Luerssens gerade auch wegen der sich bietenden Möglichkeit, die finanziellen Verhältnisse endlich zu sanieren, deutlich kommen gesehen haben. So machte er verständlicherweise keine Anstalten, seinen Botaniker „wegzuloben".

Obwohl Lossen und Danckelmann sich kannten und Grüße an die Ehefrauen austauschten, blieb Danckelmanns Antwort nach Königsberg doch deutlich reserviert. Im Kern bestand sie aus nur zwei kurzen Sätzen, die er um der Höflichkeit Willen mit den Eck-

---

[37] vgl. Anm. 14
[38] Schreiben Prof. Lossen an Danckelmann v. 13.10.1887, Archiv HUB, aaO. 208/138
[39] Vorschläge der Fakultät an Minister v. Goßler vom 26.10.1887, GStA PK I. HA Rep. 76 Kultusministerium, Va Sekt 11 Tit.4 Nr. 21 Bd.15, Acta betr. Anstellung und Besoldung der außerordentl. u. ordentl. Professoren in der philos. Fakultät der Univ. Königsberg vom Nov. 1887 bis Mai 1890, Bl. 31-37

daten des Lebenslaufs Luerssens wenigstens auf die Länge eines kurzen Briefes auffüllte. Lossen wird die Botschaft aber sehr wohl zu interpretieren gewußt haben, die sich in dem knappen: „Derselbe besitzt einen anregenden und guten Vortrag. Ich würde sehr bedauern, wenn er die hiesige Forstakademie verließe"[40] ausdrückte. Dieses Bedauern zeigte sich noch einmal in Danckelmanns Reaktion, nachdem er erfuhr, daß die Berufung Luerssens auf den Lehrstuhl für Botanik und in das damit verbundene Amt des Direktors des Botanischen Gartens und Instituts der Königsberger Universität Albertina zum 1. April 1888 erfolgte.[41] Den Platz in Eberswalde nahm Frank Schwarz aus Breslau ein, der bereits 1884 einer der Mitbewerber Luerssens um die Professur war und fast 40 Jahre dort lehren sollte.

Institut und Botanischer Garten in Königsberg

Das Botanische Institut und der Botanische Garten der Universität Königsberg waren in der Zeit der naturwissenschaftlichen Reorganisation der Universität und zugleich in einer Zeit des Umbruchs im Preußischen Staat entstanden. Die Philosophische Fakultät der Universität lag nach dem Tod Immanuel Kants am Boden. An der ohnehin völlig unzureichend finanzierten Hochschule verloren die Medizin und Philosophie besonders an Ansehen, und alle Versuche, mit denen die Rektoren um das Jahr 1800 eine Modernisierung der Universität zu erreichen suchten, scheiterten. So wurden schon 1803 auch die Schaffung eines Botanischen Gartens, die Einrichtung neuer Fachrichtungen wie Astronomie und Mathematik, medizinischer Kliniken und die Ergänzung der Bibliothek, die Rektor Reidenitz vorgeschlagen hatte, abgelehnt.[42] Erst in Folge der vernichtenden Niederlage der preußischen Truppen in der Schlacht von Jena und Auerstedt im Oktober 1806 und des Tilsiter Friedens von 1807 erfuhr die Königsberger Universität einen neuen Aufschwung. Auf der Flucht vor den napoleonischen Truppen waren König Friedrich Wilhelm III. und Königin Luise nach Königsberg und von dort weiter nach Memel gezogen. In den

---

[40] Schreiben Danckelmann an Lossen, 15.10.1887, Archiv HUB, aaO. 208/139

[41] Danckelmann an Althoff, 4.1.1888, GstA PK, I. HA Rep. 76 Kultusministerium, Va Sekt 11 Tit.4 Nr. 21 Bd.15, Bl. 44

[42] vgl. Lawrynowicz, Kasimir, Albertina – Zur Geschichte der Albertus-Universität zu Königsberg in Preußen, Abhandl. d. Göttinger Arbeitskr., Bd. 13, Berlin, 1999, S. 230ff

Jahren 1808 und 1809 wurde Königsberg schließlich für die Dauer von fast zwei Jahren königliche Residenz. Was für den preußischen Staat eine ungeheure Krise mit Landverlust, Abrüstung und Kontributionszahlungen bedeutete, wurde von der Universität als Chance wahrgenommen. Nicht nur die Proklamation des Kronprinzen und späteren Königs Friedrich Wilhelm IV. zum Ehrenrektor der Universität führte zu einem größeren Interesse des Königs an der Hochschule.[43] Schon die bloße Anwesenheit des Hofes und seiner wichtigsten Beamten, unter denen Kultusminister Wilhelm von Humboldt als Reformer des preußischen Bildungswesens von besonderer Bedeutung für die Universität wurde, wirkte sich positiv aus.[44]

Die Gründung eines botanischen Gartens wurde schon vor 1806 besonders von dem Mediziner, Pharmazeuten und naturwissenschaftlichen Multitalent Karl Gottfried Hagen betrieben, ab 1806 geführte Verhandlungen mit dem Intellektuellen Johann Georg Scheffner über den Verkauf seines Gartens auf dem Königsberger Butterberg konnten jedoch vorerst nicht zum Abschluß

Albertus-Universität Königsberg

---

[43] vgl. ebenda, S. 222f

kommen.[45] Nach langem Werben hatte sich Scheffner 1809 zum Verkauf entschlossen, Friedrich Wilhelm III. erwarb den Garten und schenkte ihn der Universität zur Anlage des Botanischen Gartens.[46] Hagen führte zwar die Regie bei der Einrichtung des Gartens, empfahl aber den jungen August Friedrich Schweigger, der von Humboldt zum Direktor des Gartens ernannt wurde. Auf begrenztem Raum, etwa drei Hektar standen zur Verfügung, schuf Schweigger mit fast 10.000 Arten einen der kleinsten, aber auch schönsten Botanischen Gärten Deutschlands.[47] Die geringe Größe der Anlage wurde durch die abwechslungsreiche Geländestruktur aufgewogen, die mit ihren unterschiedlichen Standortbedingungen eine große Pflanzenvielfalt zuließ. Er habe keinen anderen Garten gefunden, schrieb Schweigger noch nach Jahren, der für die Anlage eines botanischen Gartens geeigneter wäre.[48] Ein besonderer Schwerpunkt des Gartens und des 1812 eröffneten Botanischen Instituts wurde die Erforschung der einheimischen Flora Preußens. Schon Hagen hatte auf diesem Gebiet gearbeitet, Schweiggers Nachfolger Eyssenhardt und Ernst Meyer setzten diese Forschungen fort.[49] Meyer, der ein Anhänger der naturwissenschaftlichen Arbeiten Goethes war und durch dessen Einfluß auf die Professur in Königsberg berufen wurde, blieb bis zu seinem Tod im Jahr 1858 Direktor des Botanischen Gartens, den er noch etwas vergrößern konnte und der insbesondere für Lehrzwecke, weniger für die wissenschaftliche Forschung genutzt wurde.[50] Christian Luerssens direkter Vorgänger war der gebürtige Königsberger Robert Caspary. Neben der Erforschung von Conferven, für deren tropische Arten er eine eigene Orangerie bauen ließ, widmete er sich besonders der preußischen Pflanzenwelt, die Arbeit seiner Vorgänger fortführend und intensivierend. Nicht weniger als 70 neue Pflanzenarten konnte er in Preußen nachweisen und führte den schon von Meyer gehegten Plan der Gründung einer Botanischen

---

[44] vgl. ebenda, S. 234f
[45] vgl. Selle, Götz v., Geschichte der Albertus-Universität zu Königsberg in Preußen, 2. Aufl., Würzburg, 1956, S. 249
[46] Schweiggers Angabe, das Gelände sei schon 1806 erworben worden, dürfte falsch sein, paßt sie doch nicht zu den historischen Abläufen, vgl. Schweigger, August Friedr., Nachrichten über den botanischen Garten zu Königsberg, in: Beiträge zur Kunde Preußens, Königsberg 1820, S. 6
[47] vgl. Lawrynowicz, aaO., S. 336f
[48] vgl. Schweiger, aaO. S. 7f
[49] vgl. Meyer, Ernst, Preußens Flora und der botanische Garten zu Königsberg, in: Preußische Provinzial-Blätter, Bd. 10, Königsberg, 1833, S. 50-91, hier S. 50f
[50] vgl. Lawrynowicz, aaO., S. 340f

Gesellschaft aus. Mehr als 300 wissenschaftliche Arbeiten konnte Caspary veröffentlichen und amtierte, wie schon seine Vorgänger, wiederholt als Rektor der Universität.[51]

Bei der Übertragung der ordentlichen Professur für Botanik zu Ostern 1888 wurde Christian Luerssen auch der Wunsch des Preußischen Kultusministers nahegelegt, er möge die Forschungen Robert Casparys über die Flora der Provinzen Ost- und Westpreußen aufgreifen und fortsetzen. Mit dessen Arbeiten dürfte Luerssen nicht nur wegen des normalen wissenschaftlichen Austauschs und der Verfolgung der Fachpublikationen vertraut gewesen sein. Vielmehr gehörte Caspary zu den Botanikern, mit denen Luerssen bereits bei der Erarbeitung seiner ausführlichsten Darstellung der Pflanzengruppe der Farne in engem Austausch stand.[52] Luerssen übernahm kurz nach seinem Amtsantritt auch für zwei Jahre den Vorsitz des unter Caspary 1861 gegründeten Preußisch Botanischen Vereins zu Königsberg, dem er bis zu seinem Tod angehörte.[53] Das Interesse des Ministeriums fand unter anderem in der finanziellen Unterstützung einer größeren Zahl von Exkursionen in alle Teile Ost- und Westpreußens ihren Ausdruck, in denen teilweise erstmals systematische botanische Untersuchungen vorgenommen wurden. In allen Gebieten fand Luerssen legitime Gelegenheit, auch sein Spezialgebiet, die Pteridophyten, bevorzugt zu bearbeiten, nachdem seine Vorgänger in Königsberg gerade auf diesem Gebiet weniger geforscht hatten, wie er anhand der Publikationen und der in Königsberg vorhandenen Sammlungen belegen konnte.[54] In kleineren wissenschaftlichen Beiträgen, überwiegend in den in Königsberg erscheinenden Periodika[55] dokumentierte Luerssen die vorläufigen Ergebnisse seiner Untersuchungen. Auch in die Florenberichte der Commission für die Flora von Deutschland gingen die Forschungen ein, eine besonders intensive Publikationstätigkeit entwickelte der vormalige Viel-

---

[51] vgl. ebenda, S. 341f
[52] vgl. Chr. Luerssen, Die Farnpflanzen oder Gefäßbündelkryptogamen, aaO., Vorbemerkung (Fortsetzung), Innenseite des Rücktitels der 1. Lieferung, 1884
[53] vgl. Abromeit, Lebensbeschreibungen ost- und westpreußischer Botaniker, in:Jahresbericht des Preußisch Botanischen Vereins 1930-1936, Königsberg 1937, S. 185
[54] vgl. Luerssen, Chr., Beiträge zur Kenntnis der Flora West- und Ostpreussens I-III, Bibliotheca Botanica, Heft 28, Stuttgart, 1894, S. 1
[55] Schriften der physikalisch-ökonomischen Gesellschaft zu Königsberg i.Pr., Bd. XXX u. folg.; Schriften der naturforschenden Gesellschaft in Danzig, NF VIII, Heft 1

schreiber in dieser Zeit aber nicht.[56] Die Exkursionen in seinem Hauptforschungsgebiet ergänzte Luerssen durch Reisen nach Österreich, Luxemburg und Norwegen, deren Ergebnisse er für vergleichende Studien heranzog. So konnte er etwa bei Schachtelhalmen der Gattung Equisetum Parallelen zwischen bis dahin als alpin oder nordisch geltenden Varietäten einiger Arten und auch in Preußen auf sterilen Böden auftretenden Hungerformen derselben Arten nachweisen. Fünf Jahre lang trug Luerssen eine umfangreiche Sammlung zusammen, bevor er sich an eine ausführliche Darstellung in einer größeren Arbeit wagte, die nach seinem Verständnis auch nur einen Zwischenstand darstellen konnte.[57]

Institutsdirektor in Königsberg

Als Direktor des Botanischen Instituts und Gartens hatte Luerssen mit ungünstigeren Bedingungen zu kämpfen, als sein Vorgänger sie noch vorfand. Hatte Caspary das Gelände des Botanischen Gartens noch auf fast vier Hektar erweitern können und neben der Orangerie und einigen Gewächshäusern im Jahr 1881 auch das Institutsgebäude des Botanischen Instituts errichten lassen, hatte Luerssen einige Rückschritte hinzunehmen. Der Garten mußte Gelände für die Erweiterungen des Pharmazeutisch-Chemischen Laboratoriums und der Augenklinik abgeben. Zudem hatte Caspary das Institut und den Garten nach seinen persönlichen Forschungsschwerpunkten ausgerichtet. In einem Schreiben Luerssens über Mängel, die er bei seinem Amtsantritt vorfand, bemängelte er die Ausstattung des Laboratoriums mit Instrumenten und merkte die dadurch eingeschränkten Möglichkeiten für größere Untersuchungen an. Insbesondere „Apparate zur Experimental-Physiologie" fehlten völlig.[58] Luerssen brachte auch in Königsberg seine eigene Methodik und sein selbst erstelltes An-

---

[56] im Gegensatz zum behaupteten Umfang der Veröffentlichungen in Toepffer, A., Christian Luerssen (Nachruf), in: Berichte d. Bayer. Botan. Gesellschaft, Bd. 16, 1917, S. 13, auch hier erwähnte ausländische Veröffentlichungen konnten nicht ausfindig gemacht werden
[57] Luerssen, Chr., Beiträge zur Kenntnis der Flora West- und Ostpreussens I-III, Bibliotheca Botanica, Heft 28, Stuttgart, 1894, 58 S., 23 Tafeln
[58] GStA PK I. HA Rep. 76 Kultusministerium, Va Sekt 11 Tit.10 Nr. 12 Bd.4, Bl.225f; Eine Stellungnahme aus dem Botanischen Garten Berlin bestätigte Casparys Ausrichtung als Ursache der Defizite, vgl. ebenda, Bl. 259

schauungsmaterial ein. Bis zum Ende seiner Amtszeit blieben viele Unzulänglichkeiten zu beklagen, über die sich sein Nachfolger 1910 beklagte. Ausdrückliches Lob fanden allerdings der Zustand der Herbarien und des Mikroskopiersaals, die Luerssen auch für seine systematischen Arbeiten benötigte. Die Bibliothek machte hingegen einen heruntergekommenen Eindruck. Luerssen hatte offenbar jahrelang keine Bücher und Zeitschriften einbinden lassen. Sein Nachfolger Carl Mez konnte in einer zweiten Stellungnahme im März 1911 aber feststellen, daß die chronische Unterfinanzierung des Instituts für die Mängel verantwortlich war. Luerssens akribische Buchführung entlastete ihn von dem Vorwurf, das Institut schlecht geführt zu haben.[59] Die Orangerie, die unter Caspary für die Unterbringung der Conferven erbaut wurde, ließ Luerssen abreißen und an ihrer Stelle einen Teich anlegen. Die tropischen Conferven aus der Orangerie wurden an andere Botanische Gärten abgegeben, während die im Freien gedeihenden Arten dieser Algen in den neuen Teich umgesetzt wurden. Wegen Baufälligkeit, vielleicht aber auch wegen der Orientierung auf die Erforschung heimischer Pflanzen, ließ Luerssen die noch unter Schweigger erbauten Gewächshäuser abreißen, aber nur ein kleineres neu errichten.[60] Die entdeckten Ähnlichkeiten zwischen alpinen und baltischen Formen verschiedener Pflanzen könnten ein Grund dafür gewesen sein, daß Luerssen gegen Ende seiner Tätigkeit auf dem südlich des Instituts gelegenen Hang einen Alpengarten mit Gebirgspflanzen anlegte. Diese Orientierung auf Gebirgspflanzen, denen das rauhe Klima Ostpreußens sicher entgegenkam, wurde auch von Carl Mez ab 1910 durch die Anlage einer Karstlandschaft und einer weiteren steinigen Berglandschaft mit entsprechenden Pflanzen fortgesetzt.[61]

Wissenschaftliche Leistung

Die Frage nach der Bedeutung Christian Luerssens für heutige Botaniker ist sicher nicht leicht zu beantworten. Einerseits beschränkten sich seine eigenen Forschungen fast vollständig auf

---

[59] vgl. Acta betreffend den botanischen Garten der Universität zu Königsberg vom April 1892 bis Dezember 1928: GStA PK I. HA Rep. 76 Kultusministerium, Va Sekt 11 Tit.10 Nr. 12 Bd.5, unnummeriert
[60] vgl. Lawrynowicz, aaO., S. 342
[61] vgl. ebenda

das Gebiet der systematischen Botanik. Auch hier sind seither gute 100 Jahre intensiver Forschung mit deutlich verbesserten Instrumentarien vergangen, die manche Erkenntnis überholt oder korrigiert haben. Außerdem ist gerade die Systematik für die heutige Wissenschaft nicht mehr das Feld, auf dem Forscher Lorbeeren gewinnen können. Luerssens historische Verdienste werden dadurch in keiner Weise geschmälert. In den 70er und 80er Jahren des 19. Jahrhunderts gehörte er zu den ersten, die die Kryptogamenflora der Südsee, Australiens, aber auch Madagaskars und Japans wissenschaftlich in den Blick nahmen, nachdem die äußerlich attraktiveren Blütenpflanzen dieser Gebiete schon früher beschrieben wurden. Allgemeine Anerkennung fanden auch seine Standardwerke, von denen neben den Lehr- und Handbüchern, die ihn eher als hervorragenden Wissenschaftspädagogen auszeichnen, besonders seine Gesamtdarstellung der Farne Mitteleuropas hervorzuheben ist. Mit der Neuausgabe des dritten Bandes von Rabenhorsts Kryptogamenflora „Die Farnpflanzen oder Gefässbündelkryptogamen (Pteridophyta)" avancierte er zu dem Farnexperten schlechthin, der im In- und Ausland ungeteiltes Lob fand. „Auch war es geboten, angesichts der ganz neuen, in hohem Grade vollendeten Darstellung Luerssen's ... nicht dort gegebenes zu wiederholen", heißt es etwa in einem 1900 erschienenen Werk über die Farne der Schweiz, dessen Autor betonte, Luerssens Systematik uneingeschränkt zu folgen.[62] Unter Botanikern nicht unübliche Würdigungen durch die Benennung von Pflanzen, wie Luerssenia oder Luerssenidendron zeigen die Wertschätzung der Kollegen. Wenn sie heute in der botanischen Nomenklatur durch Vereinheitlichungen auch meist nicht mehr benutzt werden, hat Luerssen selbst als Autor von Pflanzennamen mit dem Kürzel „LUERSS." Spuren hinterlassen. Bis heute werden seine Bezeichnungen der Bambusgewächse (Bambusoideae LUERSS.) und der Mammutbäume (Seqoioideae (LUERSS.) QUINN) verwendet. Die eher formalen Ehrungen für einen Wissenschaftler, der seiner Pflicht entsprochen hat, etwa durch den Roten Adlerorden IV. Klasse im Jahr 1897 und die Ernennung zum Geheimrat anläßlich seiner Emeritierung im Jahr 1910 fallen dagegen kaum ins Gewicht.

---

[62] Christ, H.; Die Farnkräuter der Schweiz, Beiträge zur Kryptogamenflora der Schweiz, Bd. I, Heft 2, hrsg. v. einer Kommission der Schweiz. Naturforschenden Gesellschaft, K.J. Wyss, Bern 1900, 189 S., Autorisierter Neudruck der Originalausgabe, F. Flück-Wirth, Teufen AR, 1982, S. 1f; der Rabenhorst-Band selbst erschien 1971 in New York als Reprint

Manche Monographien aus der Zeit Christian Luerssens sind teilweise auch heute noch aus gutem Grund bei Verlagen erhältlich. Im Fall Luerssens gilt dies nicht nur für seine Arbeit über die Flora Ost- und Westpreußens aus dem Jahr 1894, sondern für die gesamte Reihe, die Bibliotheca Botanica, in der diese Arbeit erschien. Mehr als zweieinhalb Jahrzehnte lang, von 1889 bis 1916, war Christian Luerssen Redakteur und Herausgeber dieser Folge von „Original-Abhandlungen aus dem Gesammtgebiete der Botanik". Bei aller Vorsicht in der Bewertung mißt deren heutiger Herausgeber, Professor Hans Walter Lack, Direktor des Botanischen Gartens in Berlin-Dahlem, diesem Teil der Arbeit Luerssens doch eine, wenn auch begrenzte, Bedeutung für die heutige Wissenschaft zu.[63] Ein weiterer Umstand könnte sich in den kommenden Jahren jedoch als noch bedeutsamer für die aktuelle botanische Forschung in den damaligen preußischen Provinzen erweisen. Bis vor wenigen Jahren wurde in der Fachliteratur davon ausgegangen, daß das Herbarium Christian Luerssens mit der Zerstörung großer Teile Königsbergs und der Universität verlorengegangen ist.[64] Tatsächlich wurde das Botanische Institut mit seinem gesamten Inventar bei einem Bombenangriff im Herbst 1944 zerstört.[65] Wenigstens Teile von Luerssens Herbarium verblieben aber nicht in Königsberg, als ihn anhaltende Erkrankungen im Jahr 1910 zwangen, in den Ruhestand zu treten. Möglicherweise arbeitete Luerssen auch im Ruhestand weiter an der Auswertung seiner Sammlungen, worauf auch der Nachruf in den Berichten der Bayerischen Botanischen Gesellschaft, deren Ehrenmitglied Luerssen – übrigens ebenso wie Hugo Conwentz – seit 1896 war, hinweist.[66] Nach dem Tod Luerssens wurde dessen Herbarium laut einem Hinweis auf der Internetseite des Schwedischen Naturhistorischen Museums durch Otto Bjurling an das Museum übergeben und gehört heute zum Bestand der Kryptogamen-Abteilung dieses Museums.[67] Angesichts der langen Zeit, in der die ehemaligen deut-

---

[63] Äußerung Prof. Lacks in einem Telefonat mit dem Autor im Juni 2006
[64] vgl. Stafleu, F.A. u. Cowan, R.S., Taxonomic literature – a selective guide to botanical publications an collections, Vol. III., Utrecht, 1981, S.186
[65] vgl. Schütte, Horst u. Perthier, Benno, Kurt Mothes (1900-1983) – Ein bedeutender Biologe seiner Zeit, Botaniker an der Albertina in Königsberg, Präsident der Leopoldina in Halle, in: Rauschning, D., von Nerée, D. (Hrsg.): Die Albertus-Universität und ihre Professoren – Aus Anlaß der Gründung der Albertus-Universität vor 450 Jahren, Berlin, 1994, S. 633
[66] vgl. Toepffer, A., Christian Luerssen, aaO., s. Anm. 48
[67] vgl. Christian Luerssen's herbarium, Collections, Department of Cryptogamic Botany, Swedish Museum of Natural History, http://nrm.museum/kbo/saml/luerss.html.en, Stand Juni 2006

schen Ostgebiete und insbesondere der heute russische Teil Ostpreußens von einer ungehinderten wissenschaftlichen Forschung weitgehend abgeschnitten war, stellt die erhaltene Sammlung mit den seinerzeit veröffentlichten Arbeiten Luerssens möglicherweise einen wertvollen Ausgangspunkt für heutige botanische und ökologische Forschungen dar.

Botanikprofessor und Familienvater

Die Zeit in Königsberg brachte für Christian Luerssen auch privat endlich die ersehnte Stabilität. Nach dem Amtsantritt an der Albertina brachte Hedwig Luerssen im Oktober 1888 als jüngstes Kind ihre Tochter Felicitas zur Welt. Der Botanikprofessor und Familienmensch, der einige Einschränkungen im Verlauf seiner Karriere und vor allem viele finanzielle Sorgen zu ertragen hatte, verfügte als Universitätsprofessor endlich über ein ausreichendes Familieneinkommen, beginnend mit 4.000 Mark jährlich. Im September 1909 mußte Luerssen in seinem späteren Nachfolger Carl Mez einen Vertreter für seinen Lehrstuhl akzeptieren, ein Jahr später zwangen ihn „schwere innere Leiden" zum Eintritt in den Ruhestand. Mit seiner Frau zog er zunächst nach Danzig-Langfuhr, lebte einige Zeit in Zoppot und siedelte schließlich nach Charlottenburg in die Königin-Luise-Straße über, wo er, von schmerzhaften Erkrankungen geplagt, aber in geistiger Frische bis kurz vor seinem Tod auch noch wissenschaftlich tätig war.[68] Am 28. Juni 1916 verstarb Christian Luerssen in Charlottenburg und wurde am 3. Juli 1916 auf dem Südwestkirchhof Stahnsdorf im Block Gustav Adolf, Feld 1, Nr. 6, beigesetzt. Hedwig Luerssen siedelte nach Teltow über und nahm eine Wohnung im Damenheim des Evangelischen Diakonissenhauses.[69] Nach ihrem Tod wurde sie nicht in Stahnsdorf beigesetzt.

---

[68] vgl. Toepffer, A., Christian Luerssen, aaO., s. Anm. 48; sowie Abromeit, Lebensbeschreibungen ost- und westpreußischer Botaniker, aaO., S. 185
[69] Archiv Südwestkirchhof, Grab- und Beerdigungsliste Nr. 8961 und 9080

Während die beruflichen Verdienste des nicht aus Preußen Gebürtigen durch äußere Ehrungen gewürdigt wurden, blieben seine Verdienste um die eigene Familie naturgemäß im Verborgenen. Da gerade seine Familie beinahe zum Stolperstein für die akademische Karriere geworden wäre, ist ein Blick auf Familie Luerssen besonders interessant. Von den sechs Kindern, von denen das fünfte nach der Geburt starb, lassen sich aus heutiger Sicht die Kinder Ingeborg (geb. 1870), Magdalena, Arthur (geb. 1877) und Felicitas identifizieren. Über seine Tochter Magdalena konnte Luerssen mit einigem Stolz berichten, daß sie ihn auf seinen Exkursionen beim Sammeln und Präparieren des Materials wesentlich unterstützte und damit eigene Beiträge zu den Forschungen leistete, die in seine Beiträge zur Flora Ost- und Westpreußens eingingen. Die pädagogischen Fähigkeiten hatten also auch im Kreis der Familie Früchte getragen. Was aus Magdalena wurde, ist nicht bekannt. Luerssens Sohn Arthur hingegen hinterließ eigene Spuren in der Wissenschaft und führte auch das methodische Werk seines Vaters weiter. Nach dem Studium der Medizin in Königsberg und der Promotion mit einer Arbeit über den Grippeerreger machte sich Arthur Luerssen zunächst als Bakteriologe, vor allem aber als Volkshygieniker einen Namen.

Arthur Luerssen (1877 – 1917)

Mit eigenem Anschauungsmaterial nach dem Vorbild des Vaters betrieb er gesundheitliche Aufklärung, gestaltete Ausstellungen zur Säuglingspflege und erstellte für die große Hygieneausstellung in Dresden 1911 die berühmt gewordene Halle „Der Mensch". Aus dieser Ausstellung ging das Deutsche Hygienemuseum Dresden hervor, zu deren Gründungsvätern Arthur Luerssen gehörte. Im Konflikt mit Museumschef Lingner schied er jedoch bald aus und wirkte in der von ihm gegründeten Volksborngesellschaft bis zu seinem frühen Tod 1917.

Christian Luerssens Töchter Ingeborg und Felicitas waren ihrem Bruder nach Dresden gefolgt. Felicitas, die in Dresden ein Geschäft unterhielt, verstarb kaum einen Monat nach ihrem Vater und wurde an seiner Seite beigesetzt. Ingeborg lebte noch in den 1930er Jahren in Dresden, verarmt und auf Unterstützung angewiesen.[70]

Mit einer ganz besonderen Würdigung ist Christian Luerssens Grab übrigens bis heute geschmückt. Auf dem nur schwer zugänglichen Grab mitten im Wald und dessen unmittelbarer Umgebung haben sich schöne Exemplare des von ihm öfter untersuchten Gemeinen Wurmfarns angesiedelt.

Christian Luerssens Grab
auf dem Südwestkirchhof,
Block Gustav-Adolf,
Feld 1, Wahlstelle 6+7

---

[70] GStA PK, I. HA, Rep. 76 Kultusministerium Va, Nr. 10334, Bl. 33f

Anhang

1. Verzeichnis der erwähnten Pflanzen

Folgende Pflanzen werden im Beitrag „Der Stahnsdorfer Südwestkirchhof und seine Flora" erwähnt.
a) nach botanischer Bezeichnung

Abies alba/MILL.	Weiß-Tanne
Abies nordmanniana/ SPACH.	Nordmann-Tanne
Acer campestre / L.	Feld-Ahorn
Acer negundo / L.	Eschen-Ahorn
Acer platanoides / L.	Spitz-Ahorn
Acer pseudoplatanus / L.	Berg-Ahorn
Achillea millefolium / L.	Gemeine Schafgarbe
Acinos arvensis / (LAM.)DANDY	Gemeiner Steinquendel
Aegopodium podagraria / L.	Giersch
Agrostis tenuis / SIBTH.	Rot-Straußgras
Aira caryophyllea / L.	Nelken-Haferschmiele
Aira praecox / L.	Frühe Haferschmiele
Ajuga genevensis / L.	Heide-Günsel
Ajuga reptans / L.	Kriech-Günsel
Alliaria petiolata / (MB.)CAVARA et GRANDE	Knoblauchsrauke
Anemone nemorosa / L.	Buschwindröschen
Anthoxanthum odoratum / L.	Gemeines Ruchgras
Aquilegia vulgaris / L.	Gemeine Akelei
Arctium lappa / L.	Große Klette
Arenaria serpyllifolia / L.	Quendel-Sandkraut
Armeria elongata / (HOFFM.)KOCH	Gemeine Grasnelke
Arrhenatherum elatius / (L.)J. et C.PRESL	Glatthafer
Asarum europaeum / L.	Haselwurz
Asperugo procumbens / L.	Schlangenäuglein
Avenella flexuosa / (L.)PARL.	Schlängelschmiele
Bellis perennis / L.	Gänseblümchen
Berteroa incana / (L.)DC.	Graukresse
Betula pendula / ROTH	Hänge-Birke
Briza media / L.	Gemeines Zittergras
Bromus hordeaceus / L.	Weiche Trespe
Buxus sempervirens/L.	Buchsbaum

Calluna vulgaris / (L.)HULL	Besenheide
Campanula patula / L.	Wiesen-Glockenblume
Campanula persicifolia / L.	Pfirsichblättrige Glockenblume
Campanula rapunculoides / L.	Acker-Glockenblume
Campanula rotundifolia / L.	Rundblättrige Glockenblume
Capsella bursa-pastoris / (L.)MED.	Gemeines Hirtentäschel
Cardaminopsis arenosa / (L.)HAYEK	Sandkresse
Carex arenaria / L.	Sand-Segge
Carex ericetorum / L.	Heide-Segge
Carlina vulgaris / L.	Golddistel
Carpinus betulus / L.	Weißbuche
Centaurea jacea / L.	Wiesen-Flockenblume
Centaurea stoebe / L.	Rispen-Flockenblume
Cerastium arvense / L.	Acker-Hornkraut
Chenopodium album / L.	Weißer Gänsefuß
Chenopodium hybridum / L.	Unechter Gänsefuß
Cirsium arvense / (L.)SCOP.	Acker-Kratzdistel
Clematis vitalba / L.	Gemeine Waldrebe
Colutea arborecens / L.	Gewöhnlicher Blasenstrauch
Convallaria majalis / L.	Maiglöckchen
Conyza canadensis / (L.)CRONQ.	Kanadisches Berufkraut
Cornus sanguinea / L.	Blutroter Hartriegel
Corydalis solida / (L.)CLAIRV.	Finger-Lerchensporn
Corylus avellana / L.	Gemeine Haselnuss
Corynephorus canescens / (L.)PB.	Silbergras
Cotoneaster spec. / MED.	Felsenmispel
Crataegus monogyna / JACQ.	Eingriffliger Weißdorn
Crocus spec. / L. Krokus	Eingriffliger Weißdorn
Dactylis glomerata / L.	Gemeines Knaulgras
Datura stramonium / L.	Weißer Stechapfel
Dianthus deltoides / L.	Heide-Nelke
Dryopteris carthusiana / (VILL.)H.P.FUCHS	Dorniger Wurmfarn
Dryopteris filix-mas / (L.)SCHOTT	Gemeiner Wurmfarn
Echium vulgare / L.	Gemeiner Natterkopf
Epipactis helleborine / (L.) CRANTZ	Breitblättrige Stendelwurz
Erophila verna / (L.)CHEVALL.	Frühlings-Hungerblümchen
Euphorbia cyparissias / L.	Zypressen-Wolfsmilch
Fagus sylvatica / L.	Rotbuche
Fallopia aubertii / HOLUB	Winden-Knöterich
Festuca ovina / L.	Echter Schaf-Schwingel

Forsythia suspensa / (THUNB.)VAHL	Hängende Forsythie
Galanthus nivalis / L.	Schneeglöckchen
Galium odoratum / (L.)SCOP.	Waldmeister
Galium verum / L.	Echtes Labkraut
Geranium molle / L.	Weicher Storchschnabel
Glechoma hederacea / L.	Gundermann
Hedera helix / L.	Efeu
Helichrysum arenarium / (L.)MOENCH	Sand-Strohblume
Hepatica nobilis / SCHREB.	Leberblümchen
Heracleum sphondylium / L.	Wiesen-Bärenklau
Herniaria glabra / L.	Kahles Bruchkraut
Hieracium laevigatum / WILLD.	Glattes Habichtskraut
Hieracium murorum/ L.	Wald-Habichtskraut
Hieracium pilosella / L.	Kleines Habichtskraut
Hieracium sabaudum / L.	Savoyer Habichtskraut
Hypericum perforatum / L.	Tüpfel-Hartheu
Ilex aquifolium / L.	Stechpalme
Jasione montana / L.	Berg-Sandköpfchen
Juncus tenuis / WILLD.	Zarte Binse
Juniperus communis / L.	Gemeiner Wacholder
Juniperus sabina/ L.	Sadebaum, Stink-Wacholder
Juniperus virginiana/ L.	Virginischer Wachholder
Kalmia latifolia / L.	Lorbeerrose
Knautia arvensis / (L.)COULT.	Acker-Witwenblume
Lamium purpureum / L.	Purpurrote Taubnessel
Larix decidua / MILL.	Europäische Lärche
Lathyrus pratensis / L.	Wiesen-Platterbse
Leucanthemum vulgare / LAM.	Wiesen-Margerite
Ligustrum vulgare / L.	Liguster,Rainweide
Lolium perenne / L.	Deutsches Weidelgras
Lonicera caprifolium /L.	Jelängerjelieber
Lonicera xylosteum / L.	Rote Heckenkirsche
Luzula campetris / (L.) DC.	Gewöhnliche Hainsimse
Luzula luzuloides LAMK.	Schmalblättrige Hainsimse
Luzula sylvatica / (HUDS.)GAUDIN	Wald-Hainsimse
Lysimachia nummularia / L.	Pfennig-Gilbweiderich
Mahonia aquifolium / (PURSH)NUTT.	Mahonie
Maianthemum bifolium / (L.)F.W.SCHMIDT	Zweiblätträttrige Schattenblume
Medicago lupulina / L.	Hopfenklee
Medicago varia / MARTYN	Bastard-Luzerne

Melampyrum pratense / L.	Wiesen-Wachtelweizen
Melica nutans L.	Nickendes Perlgras
Molinia caerulea / (L.)MOENCH	Pfeifengras
Myosotis stricta / LINK ex R.et SCH.	Sand-Vergißmeinnicht
Nicandra physalodes / (L.) GAERTN.	Giftbeere
Oenothera biennis / L.	Gemeine Nachtkerze
Oxalis acetosella / L.	Wald-Sauerklee
Padus serotina / (EHRH.)BORKH.	Späte Traubenkirsche
Parthenocissus tricuspidata / (SIEB.et ZUCC.)PLANCH.	Kletterwein
Philadelphus coronarius / L.	Pfeifenstrauch, Falscher Jasmin
Picea abies / (L.)KARSTEN	Gemeine Fichte
Picea omorika/PURKYNE	Serbische Fichte
Pinus sylvestris / L.	Wald-Kiefer
Plantago lanceolata / L.	Spitz-Wegerich
Poa annua / L.	Einjähriges Rispengras
Poa chaixii / VILL.	Berg-Rispengras
Poa nemoralis / L.	Hain-Rispengras
Poa pratensis / L.	Wiesen-Rispengras
Polygonatum odoratum / (MILL.)DRUCE	Salomonsiegel
Polygonum aviculare / L.	Vogel-Knöterich
Potentilla argentea / L.	Silber-Fingerkraut
Potentilla reptans / L.	Kriechendes Fingerkraut
Primula elatior / (L.)HILL	Hohe Schlüsselblume
Primula spec. / L.	Primel
Prunella vulgaris / L.	Gemeine Braunelle
Pseudotsuga menziesii/FRANCO	Douglasie
Pteridium aquilinum / (L.)KUHN	Adlerfarn
Quercus petraea / (MATT.)LIEBL.	Trauben-Eiche
Quercus robur / L. Stiel-Eiche	Trauben-Eiche
Quercus rubra / L. Rot-Eiche	Trauben-Eiche
Ranunculus acris / L.	Scharfer Hahnenfuß
Ranunculus bulbosus / L.	Knolliger Hahnenfuß
Rhododendron spec.	Rhododendron
Robinia pseudoacacia / L.	Robinie, Falsche Akazie
Rosa canina / L.	Hunds-Rose
Rosa rubiginosa / L.	Wein-Rose
Rumex acetosa / L.	Wiesen-Sauerampfer
Rumex acetosella / L.	Kleiner Sauerampfer
Rumex obtusifolius / L.	Stumpfblättriger Ampfer
Salvia pratensis / L.	Wiesen-Salbei

Sambucus nigra / L.	Schwarzer Holunder
Sambucus racemosa / L.	Hirsch-Holunder
Sarothamnus scoparius / (L.)WIMM.ex KOCH	Besenginster
Saxifraga granulata / L.	Körnchen-Steinbrech
Scilla bifolia / L.	Zweiblättriger Blaustern
Scleranthus annuus / L.	Einjähriger Knäuel
Sedum acre / L.	Scharfer Mauerpfeffer
Sisymbrium officinale / (L.)SCOP.	Wege-Rauke
Solidago canadensis / L.	Kanadische Goldrute
Sorbus aria / (L.)CR.	Mehlbeere
Spergula morisonii / BOREAU	Frühlings-Spark
Stellaria holostea / L.	Echte Sternmiere
Stellaria media / (L.)VILL.	Vogelmiere
Symphoricarpos rivularis / Sukad.	Schneebeere, Knallerbse
Syringa vulgaris / L.	Gemeiner Flieder
Tanacetum vulgare / L.	Rainfarn
Taraxacum officinale / WIGGERS	Gemeiner Löwenzahn
Taxus baccata / L.	Eibe
Teesdalia nudicaulis / (L.)R.BR.	Bauernsenf
Thuja occidentalis/L.	Abendländischer Lebensbaum
Thuja plicata/DONN	Riesen-Lebensbaum
Tilia cordata / MILL.	Winter-Linde
Tragopogon pratensis / L.	Wiesen-Bocksbart
Trifolium arvense / L.	Hasen-Klee
Trifolium dubium / SIBTH.	Kleiner Klee
Trifolium pratense / L.	Rot-Klee
Trifolium repens / L.	Weiß-Klee
Ulmus glabra / HUDS.	Berg-Ulme
Ulmus laevis / PALL.	Flatter-Ulme
Ulmus minor / MILL.	Feld-Ulme
Urtica dioica / L.	Große Brennessel
Vaccinium myrtillus / L.	Heidelbeere, Blaubeere
Verbascum nigrum / L.	Schwarze Königskerze
Veronica chamaedrys / L.	Gamander-Ehrenpreis
Veronica serpyllifolia / L.	Quendel-Ehrenpreis
Viburnum opulus / L.	Gemeiner Schneeball
Vicia angustifolia / L.	Schmalblättrige Wicke
Vinca minor / L.	Kleines Immergrün
Viola arvensis / MURRAY	Feld-Stiefmütterchen
Viola riviniana / RCHB.	Hain-Veilchen

b) nach deutscher Bezeichnung

Adlerfarn	Pteridium aquilinum / (L.)KUHN
Ahorn,Berg-	Acer pseudoplatanus / L.
Ahorn,Eschen-	Acer negundo / L.
Ahorn, Feld-	Acer campestre / L.
Ahorn,Spitz-	Acer platanoides / L.
Akelei, Gemeine	Aquilegia vulgaris / L.
Ampfer, Stumpfblättriger	Rumex obtusifolius / L.
Bärenklau, Wiesen-	Heracleum sphondylium / L.
Bauernsenf	Teesdalia nudicaulis / (L.)R.BR.
Berufkraut, Kanadisches	Conyza canadensis / (L.)CRONQ.
Besenginster	Sarothamnus scoparius / (L.)WIMM.ex KOCH
Besenheide	Calluna vulgaris / (L.)HULL
Binse, Zarte	Juncus tenuis / WILLD.
Birke, Hänge-	Betula pendula / ROTH
Blasenstrauch, Gewöhnlicher	Colutea arborescens / L.
Bocksbart, Wiesen-	Tragopogon pratensis / L.
Braunelle, Gemeine	Prunella vulgaris / L.
Brennessel, Große	Urtica dioica / L.
Bruchkraut, Kahles	Herniaria glabra / L.
Buchsbaum	Buxus sempervirens/L.
Buschwindröschen	Anemone nemorosa / L.
Douglasie	Pseudotsuga menziesii/FRANCO
Efeu	Hedera helix / L.
Ehrenpreis, Gamander-	Veronica chamaedrys / L.
Ehrenpreis, Quendel-	Veronica serpyllifolia / L.
Eibe	Taxus baccata / L.
Eiche, Rot-	Quercus rubra / L. Rot-Eiche
Eiche, Stiel-	Quercus robur / L. Stiel-Eiche
Eiche, Trauben-	Quercus petraea / (MATT.)LIEBL.
Felsenmispel	Cotoneaster spec. / MED.
Fichte, Gemeine	Picea abies / (L.)KARSTEN
Fichte, Serbische	Picea omorika/PURKYNE
Fingerkraut, Kriechendes	Potentilla reptans / L.
Fingerkraut, Silber-	Potentilla argentea / L.
Flieder, Gemeiner	Syringa vulgaris / L.
Flockenblume, Rispen-	Centaurea stoebe / L.
Flockenblume, Wiesen-	Centaurea jacea / L.

Forsythie, Hängende	Forsythia suspensa / (THUNB.)VAHL
Gänseblümchen	Bellis perennis / L.
Gänsefuß, Unechter	Chenopodium hybridum / L.
Gänsefuß, Weißer	Chenopodium album / L.
Giersch	Aegopodium podagraria / L.
Giftbeere	Nicandra physalodes / (L.) GAERTN.
Gilbweiderich, Pfennig-	Lysimachia nummularia / L.
Glatthafer	Arrhenatherum elatius / (L.)J. et C.PRESL
Glockenblume, Acker-	Campanula rapunculoides / L.
Glockenblume, Pfirsichblättrige	Campanula persicifolia / L.
Glockenblume, Rundblättrige	Campanula rotundifolia / L.
Glockenblume, Wiesen-	Campanula patula / L.
Golddistel	Carlina vulgaris / L.
Goldrute, Kanadische	Solidago canadensis / L.
Grasnelke, Gemeine	Armeria elongata / (HOFFM.)KOCH
Graukresse	Berteroa incana / (L.)DC.
Gundermann	Glechoma hederacea / L.
Günsel, Heide-	Ajuga genevensis / L.
Günsel, Kriech-	Ajuga reptans / L.
Habichtskraut, Glattes	Hieracium laevigatum / WILLD.
Habichtskraut, Kleines	Hieracium pilosella / L.
Habichtskraut, Savoyer	Hieracium sabaudum / L.
Habichtskraut, Wald-	Hieracium murorum/ L.
Haferschmiele, Frühe	Aira praecox / L.
Haferschmiele, Nelken-	Aira caryophyllea / L.
Hahnenfuß, Knolliger	Ranunculus bulbosus / L.
Hahnenfuß, Scharfer	Ranunculus acris / L.
Hainsimse, Gewöhnliche	Luzula campestris / (L.) DC.
Hainsimse, Schmalblättrige	Luzula luzuloides / LAMK.
Hainsimse, Wald-	Luzula sylvatica / (HUDS.)GAUDIN
Hartriegel, Blutroter	Cornus sanguinea / L.
Haselnuss, Gemeine	Corylus avellana / L.
Haselwurz	Asarum europaeum / L.
Heckenkirsche, Rote	Lonicera xylosteum / L.
Heidelbeere, Blaubeere	Vaccinium myrtillus / L.
Hirtentäschel, Gemeines	Capsella bursa-pastoris / (L.)MED.
Holunder, Hirsch-	Sambucus racemosa / L.
Holunder, Schwarzer	Sambucus nigra / L.
Hopfenklee	Medicago lupulina / L.
Hornkraut, Acker-	Cerastium arvense / L.

Hungerblümchen, Frühlings-	Erophila verna / (L.)CHEVALL.
Immergrün, Kleines	Vinca minor / L.
Jelängerjelieber	Lonicera caprifolium / L.
Kiefer, Wald-	Pinus sylvestris / L.
Klee, Hasen-	Trifolium arvense / L.
Klee, Kleiner	Trifolium dubium / SIBTH.
Klee, Rot-	Trifolium pratense / L.
Klee, Weiß-	Trifolium repens / L.
Klette, Große	Arctium lappa / L.
Kletterwein	Parthenocissus tricuspidata / (SIEB.et ZUCC.)PLANCH.
Knäuel, Einjähriger	Scleranthus annuus / L.
Knaulgras, Gemeines	Dactylis glomerata / L.
Knoblauchsrauke	Alliaria petiolata / (MB.)CAVARA et GRANDE
Knöterich, Vogel-	Polygonum aviculare / L.
Knöterich, Winden-	Fallopia aubertii / HOLUB
Königskerze, Schwarze	Verbascum nigrum / L.
Kratzdistel, Acker-	Cirsium arvense / (L.)SCOP.
Krocus	Crocus spec. / L. Krokus
Labkraut, Echtes	Galium verum / L.
Lärche, Europäische	Larix decidua / MILL.
Lebensbaum, Abendländischer	Thuja occidentalis/L.
Lebensbaum, Riesen-	Thuja plicata/DONN
Leberblümchen	Hepatica nobilis / SCHREB.
Lerchensporn, Finger-	Corydalis solida / (L.)CLAIRV.
Liguster,Rainweide	Ligustrum vulgare / L.
Linde, Winter-	Tilia cordata / MILL.
Lorbeerrose	Kalmia latifolia / L.
Löwenzahn, Gemeiner	Taraxacum officinale / WIGGERS
Luzerne, Bastard-	Medicago varia / MARTYN
Mahonie	Mahonia aquifolium / (PURSH)NUTT.
Maiglöckchen	Convallaria majalis / L.
Margerite, Wiesen-	Leucanthemum vulgare / LAM.
Mauerpfeffer, Scharfer	Sedum acre / L.
Mehlbeere	Sorbus aria / (L.)CR.
Nachtkerze, Gemeine	Oenothera biennis / L.
Natterkopf, Gemeiner	Echium vulgare / L.
Nelke, Heide-	Dianthus deltoides / L.
Perlgras, Nickendes	Melica nutans / L.
Pfeifengras	Molinia caerulea / (L.)MOENCH
Pfeifenstrauch, Falscher Jasmin	Philadelphus coronarius / L.

Platterbse, Wiesen-	Lathyrus pratensis / L.
Primel	Primula spec. / L.
Rainfarn	Tanacetum vulgare / L.
Rauke, Wege-	Sisymbrium officinale / (L.)SCOP.
Rhododendron	Rhododendron spec.
Rispengras, Berg-	Poa chaixii / VILL.
Rispengras, Einjähriges	Poa annua / L.
Rispengras, Hain-	Poa nemoralis / L.
Rispengras, Wiesen-	Poa pratensis / L.
Robinie, Falsche Akazie	Robinia pseudoacacia / L.
Rose, Hunds-	Rosa canina / L.
Rose, Wein-	Rosa rubiginosa / L.
Rotbuche	Fagus sylvatica / L.
Ruchgras, Gemeines	Anthoxanthum odoratum / L.
Sadebaum, Stink-Wacholder	Juniperus sabina/ L.
Salbei, Wiesen-	Salvia pratensis / L.
Salomonsiegel	Polygonatum odoratum / (MILL.)DRUCE
Sandköpfchen, Berg-	Jasione montana / L.
Sandkraut, Quendel-	Arenaria serpyllifolia / L.
Sandkresse	Cardaminopsis arenosa / (L.)HAYEK
Sauerampfer, Kleiner	Rumex acetosella / L.
Sauerampfer, Wiesen-	Rumex acetosa / L.
Sauerklee, Wald-	Oxalis acetosella / L.
Schafgarbe, Gemeine	Achillea millefolium / L.
Schafschwingel	Festuca ovina / L.
Schattenblume, Zweiblätträttrige	Maianthemum bifolium / (L.)F.W.SCHMIDT
Schlängelschmiele	Avenella flexuosa / (L.)PARL.
Schlangenäuglein	Asperugo procumbens / L.
Schlüsselblume, Hohe	Primula elatior / (L.)HILL
Schneeball,Gemeiner	Viburnum opulus / L.
Schneebeere, Knallerbse	Symphoricarpos rivularis / Sukad.
Schneeglöckchen	Galanthus nivalis / L.
Segge, Heide-	Carex ericetorum / L.
Segge, Sand-	Carex arenaria / L.
Silbergras	Corynephorus canescens / (L.)PB.
Spark, Frühlings-	Spergula morisonii / BOREAU
Stechapfel, Weißer	Datura stramonium / L.
Stechpalme	Ilex aquifolium / L.
Steinbrech, Körnchen-	Saxifraga granulata / L.
Steinquendel, Gemeiner	Acinos arvensis / (LAM.)DANDY

Stendelwurz, Breitblättrige	Epipactis helleborine / (L.) CRANTZ
Sternmiere, Echte	Stellaria holostea / L.
Stiefmütterchen, Feld-	Viola arvensis / MURRAY
Storchschnabel, Weicher	Geranium molle / L.
Straußgras, Rot-	Agrostis tenuis / SIBTH.
Strohblume, Sand-	Helichrysum arenarium / (L.)MOENCH
Tanne, Nordmann-	Abies nordmanniana/ SPACH.
Tanne, Weiß-	Abies alba/MILL.
Taubnessel, Purpurrote	Lamium purpureum / L.
Traubenkirsche, Späte	Padus serotina / (EHRH.)BORKH.
Trespe, Weiche	Bromus hordeaceus / L.
Tüpfel-Hartheu	Hypericum perforatum / L.
Ulme, Berg-	Ulmus glabra / HUDS.
Ulme, Feld-	Ulmus minor / MILL.
Ulme, Flatter-	Ulmus laevis / PALL.
Veilchen, Hain-	Viola riviniana / RCHB.
Vergißmeinnicht, Sand-	Myosotis stricta / LINK ex R.et SCH.
Vogelmiere	Stellaria media / (L.)VILL.
Wachholder, Virginischer	Juniperus virginiana/ L.
Wacholder, Gemeiner	Juniperus communis / L.
Wachtelweizen, Wiesen-	Melampyrum pratense / L.
Waldmeister	Galium odoratum / (L.)SCOP.
Waldrebe, Gemeine	Clematis vitalba / L.
Wegerich, Spitz-	Plantago lanceolata / L.
Weidelgras, Deutsches	Lolium perenne / L.
Weißbuche	Carpinus betulus / L.
Weißdorn, Eingriffliger	Crataegus monogyna / JACQ.
Wicke, Schmalblättrige	Vicia angustifolia / L.
Witwenblume, Acker-	Knautia arvensis / (L.)COULT.
Wolfsmilch, Zypressen-	Euphorbia cyparissias / L.
Wurmfarn, Dorniger	Dryopteris carthusiana / (VILL.)H.P.FUCHS
Wurmfarn, Gemeiner	Dryopteris filix-mas / (L.)SCHOTT
Zittergras, Gemeines	Briza media / L.
Zweiblättriger Blaustern	Scilla bifolia / L.

2. Bibliographie Christian Luerssens

zusammengestellt von Thomas Marin

Das hier vorgelegte Verzeichnis der wissenschaftlichen Publikationen des Botanikers Christian Luerssen wurde auf der Grundlage seiner eigenen Aufzeichnungen bis 1884 und der bibliographischen Auswertung der einschlägigen Fachzeitschriften zusammengestellt. Trotz fehlender Jahrgänge, insbesondere der Königsberger Schriften, wie der Möglichkeit weiterer Veröffentlichungen in anderen Zeitschriften, dürfte diese Bibliographie die wichtigsten Arbeiten Luerssens berücksichtigen. Hinweise auf fehlende Artikel sind sehr willkommen. Dies gilt auch für Veröffentlichungen in französischen oder anderen ausländischen Zeitschriften. Für erstere konnten trotz ihrer von Toepffer behaupteten Existenz bisher keine Belege gefunden werden.

Aufsätze und Bücher

1. Notiz zu Ornithogalum umbellatum L., Oesterr. Botan. Zeitschr. Bd. XIII, 1863, S. 165

2. Gabeltheilungen an den Wedeln einiger Farnkräuter., Oesterr. Botan. Zeitschr., Bd. XIII, 1863, S. 397-399

3. Notiz zum Herbarium österreichischer Weiden, Oesterr. Botan. Zeitschr., Bd. XIV, 1864, S. 55

4. Aus der Flora von Bremen, Oesterr. Botan. Zeitschr. Bd. XV, 1865, S. 74-75

5. Notiz zu Carex guestphalica Boen., Oesterr. Botan. Zeitschr. Bd. XV, 1865, S. 226

6. Beiträge zur Pflanzen-Teratologie: Proliferirende Blüthen von Geum rivale Linn., Oesterr. Bot. Zeitschr., Bd. XV, 1865, S. 343-348

7. Zur Kontroverse über die Einzelligkeit oder Mehrzelligkeit des Pollens der Onagrarieen, Cucurbitaceen und Corylaceen - Pringsheim, Jahrbuch der Wissensch. Botanik, Bd. 7, S. 34-60, 3 Tafeln, 1869 (1870)

8. Ueber den Einfluss des rothen und blauen Lichtes auf die Strömung des Protoplasma in den Brennhaaren von Urica und den Staubfadenhaaren der Tradescantia virginica, Inaugural-Dissertation, mit 2 lithographirten Tafeln und 4 Tabellen, in: Abhandlungen, hrsg. v. Naturwissensch. Verein Bremen, II. Bd., 1871, Heft 1 1869, S. 50-76

9. Filices Graeffeanae. Beitrag zur Kenntnis der Farnflora der Viti-, Samoa-, Tonga- und Ellice's Inseln, in: A. Schenk und Chr. Luerssen (Hrsg.), Mittheilungen aus d. Gesamtgebiete d. Botanik, Bd. I 1872 [1871], S. 57-312, Tafeln XI-IXX , Friedrich Fleischer, Leipzig 1874

10. Beiträge zur Entwicklungsgeschichte der Farn-Sporangien.- Das Sporangium der Marattiaceen. 1. Marattia, 2. Danaea, Kaulfussia u. Angiopteris (Habilitationsschrift), in: Mittheilungen aus d. Gesammtgebiete d. Botanik, Leipzig , Bd. I (1872), S. 313-344, Taf. 20-22 und II (1874), S. 1-42, Taf. 1-4

11. Die Farne der Samoa-Inseln - Ein Verzeichnis aller bis jetzt von den Schifferinseln bekannten Gefäßkryptogamen nebst allgemeinen Bemerkungen über die Systematik dieser Pflanzengruppe, in: Mittheilungen aus d. Gesammtgebiete d. Botanik, Leipzig , Bd. I (1872), S. 345-415

12. Zur Keimungsgeschichte der Osmundaceen, vorzüglich der Gattung Todea, in: Mittheilungen aus d. Gesammtgebiete d. Botanik, Leipzig , Bd. I (1872), S. 360-377, Taf. 23-24

13. Kleinere Mittheilungen über den Bau und die Entwickelung der Gefäßcryptogamen - Über die Spaltöffnungen von Kaulfussia Bl., Botan. Zeitung Bd. XXXI., 1873, Kol. 625-628

14. Kleinere Mittheilungen über den Bau und die Entwickelung der Gefäßcryptogamen - Über centrifugales lokales Dickenwachstum der Membranen innerer Parenchymzellen der Marattiaceen, Botan. Zeitung Bd. XXXI., 1873, Kol. 641-647, Taf. 6

15. Über die ersten Entwickelungsstufen des Sporangiums von Angopteris. Deutsches Naturforsch.. Tageblatt, 1872, S. 147-148

16. Ein Beitrag zur Farnflora der Palaos- oder Pelew-Inseln (West-Carolinen), Journal des Museums Godeffroy, Bd. 1, Hamburg 1873, S. 52-58

17. Über die Farnflora der Cooks- oder Hervey-Inseln, , Journal des Museums Godeffroy, Bd. 1, Hamburg 1873, S. 59-62

18. Die Pflanzengruppe der Farne, Sammlung gemeinverständlicher wissenschaftlicher Vorträge, hrsg. v. R. Virchow u. Fr. v. Holtzendorff, IX. Serie, Heft 197, Berlin 1874, 28 S.

19. Zur Flora von Queensland, Journal des Museums Godeffroy Hamburg, Bd. 3, S. 1-22 (1873) und Bd. 3, 233-254 (1875)

20. Über die Entwickelungsgeschichte des Marattiaceenvorkeims, Sitzungsber. d. naturf. Ges. Leipzig v. 14.5.1875, auch in: Botan. Zeitung 1875, Nr. 32, S. 535

21. Untersuchungen über Intercellularverdickungen im Grundgewebe der Farne, Sitzungsbericht d. naturf. Gesellschaft Leipzig v. 9.7.1875, S. 76, auch in: Botan. Zeitung 1875, Nr. 43

22. Beiträge zur Flora der Hawai'schen Inseln, II. Gefässkryptogamen, Flora, 58. Jg. 1875 Nr. 27, S. 417-428, Nr. 28, S. 433-447

23. Verzeichnis der von Wawra gesammelten Gefäßkryptogamen, Flora 59. Jg. 1876, Nr. 15, S. 225-238; Teil II: Nr. 18, S 285-287; Teil III.: Nr. 19, S. 289-302

24. Grundzüge der Botanik. Repetitorium für Studierende der Naturwissenschaften und Medizin und Lehrbuch für polytechnische, land- und forstwirtschaftliche Lehranstalten, Verlag H. Haessel, Leipzig 1877. XI + 405 S., 107 v. Verf. auf Holz gezeichnete Abb.

25. Grundzüge der Botanik. Repetitorium für Studierende der Naturwissenschaften und Medizin und Lehrbuch für polytechnische, land- und forstwissenschaftliche Lehranstalten
Verlag H. Haessel, 2. Aufl., Leipzig 1879, XI + 483 S., 216 Abb.

26. Handbuch der systematischen Botanik mit besonderer Berücksichtigung der Arzneipflanzen (= Medizinisch-pharmaceutische Botanik... für Botaniker, Ärzte u. Apotheker)
- Bd. 1: Kryptogamen, XII + 657 S., 181 Abb. in Holzstich vom Verfasser
- Bd. 2: Phanerogamen, X + 1229 S., 231 Abb.
Verlag H. Haessel, Leipzig 1879-1882

27. Grundzüge der Botanik. Repetitorium für Studierende der Naturwissenschaften und Medizin und Lehrbuch für polytechnische, land- und forstwissenschaftliche Lehranstalten
Verlag H. Haessel, 3. Aufl., Leipzig 1881, XI + 490 S., 228 Abb.

28. Reliquiae Rutenbergianae-Cryptogamae vasculares, Abhandlungen d. Naturwiss. Vereins zu Bremen, Bd. VII, 1882 [1880], S. 41-53

29. Pflanzen von Trinidad - II. Farne, in Abhandlungen d. Naturwiss. Vereins zu Bremen, Bd. VII, 1882, S. 277-279

30. Pteridologische Notizen I -Über einige Hymenophyllaceen Neuhollands und Polynesiens, Botan. Centralblatt Bd. IX, 1882, S. 438-443

31. Pteridologische Notizen II - Eine neue Cheilanthes des tropischen Australiens, Botan. Centralblatt, Bd. XI, 1882, Heft 27, S. 26-31

32. Pteridologische Notizen . III. Zur Farnflora Hinterindiens und West-Sumatras. Botan. Centralblatt, Bd. XI, 1882, Heft 28, S. 76-79

33. Archegoniatae, in: Engler, A. Beiträge zur Flora des südlichen Japan und der Liu-Kiu-Inseln, Englers Jahrbuch, Bd. IV, 1883, S.354-366

34. Die Pflanzen der Pharmacopoea germanica, botanisch erläutert von Chr. Luerssen, Verlag Haessel, Leipzig 1883, 664 S., zahlr. Illustr.

35. Notiz zum Standort des Asplemium Adiantum nigrum L., Oesterr. Botan. Zeitschrift, 33. Jg., Wien, 1883, S. 102

36. Grundzüge der Botanik. Repetitorium für Studierende der Naturwissenschaften und Medizin und Lehrbuch für polytechnische, land- und forstwissenschaftliche Lehranstalten
Verlag H. Haessel, 4. Aufl., Leipzig 1885, XI + 578 S., 376 Abb.

37. Die Einführung japanischer Waldbäume in deutschen Forsten- Notizen für die geplanten Anbauversuche, Zeitschr. f. d. Forst- und Jagdwesen, XVIII Jg. 1886, S. 121-143, 251-273, 313-336, 442-448, 545-580

38. Kritische Bemerkungen über neue Funde seltener deutscher Farne, Berichte der Deutschen Botan. Gesellsch., Bd. 4, 1886, S. 422-432

39. Die "Doppeltanne" des Berliner Weihnachtsmarktes.[1886] Verhandlungen d. Brandenburgischen Botan. Vereins, Bd. 28, 1887, S. 19-21

40. Neue Standorte seltener deutscher Farne., Berichte der Deutschen Botan. Gesellsch., Bd. 5, 1887, 101-103

41. Forstbotanik. Grundriß der speziellen Morphologie der deutschen Bäume und Sträucher, der wichtigsten Arten der Waldbodenflora, sowie der baumverderbenden Pilze,
in: Lorey, Tuisko. (Hrsg.) Handbuch der Forstwissenschaft. Erster Band. Erste Abt: Allg. Teil, Forstliche Produktionslehre. I; S. 321-514, Laupp'sche Buchhandlung, Tübingen, 1888

42. Die Farnpflanzen oder Gefässbündelkryptogamen (Pteridophyta). Dr. L. Rabenhorst's Kryptogamen-Flora von Deutschland, Oesterreich und der Schweiz, 3. Bd., Leipzig, 2. Aufl. 1889, XII + 906 S., 225 Abb.

43. Über das Vorkommen von Hymenophyllum tunbridgense in der Sächsischen Schweiz und über neue Funde von Farnbastarden in Deutschland und Oesterreich. [1888], Schriften d. physical..-öconom. Gesellsch. Königsberg, Bd. 29, 1889 (Sitzungsber.) S. 29-30

44. Bericht über seine Bereisung der Kurischen Nehrung und einzelner Theile der Kreise Memel und Heydekrug. [1889], Schriften d. physical..-öconom. Gesellsch. Königsberg, Bd. 31, 1891, (Abhandl.) S. 2-3

45. Ueber seltene und neue Farnpflanzen sowie über Frostformen von Aspidium Filix mas aus West- und Ostpreußen, Schriften d. physical..-öconom. Gesellsch. Königsberg, 32, 1891 (Sitzungsber.), S. 42-46

46. Frostformen von Aspidium Filix mas, Sw.[1891], Schriften d. naturforschenden Gesellschaft Danzig, Bd. 8, 1892-1894 (Heft 1), S. 2-3

47. Botanische Forschungen vorzugsweise in den Kreisen Elbing, Danzig und Neustadt. [1891] Schriften d. physical..-öconom. Gesellsch. Königsberg, Bd. 33, 1892, S. 75-76

48. Grundzüge der Botanik. Repetitorium für Studierende der Naturwissenschaft und Medicin und Lehrbuch für polytechnische, land- und forstwirtschaftliche Lehranstalten. 5. umgearbeitete Aufl., Verlag H. Haessel, Leipzig 1893, 586 S., 366 gezeichnete Abb.

49. Beiträge zur Kenntniss der Flora West- und Ostpreussens - Mittheilungen aus dem Königlichen botanischen Institute der Universität zu Königsberg i. Pr., Bibliotheca Botanica, Heft 28, Verlag Erwin Nägele, Stuttgart 1894. 58 S., 23 Tafeln

50. Luerssen, Chr. und Ascherson, Paul: Notiz über das Vorkommen von Polygonum Raji Bab., Berichte der Deutschen Botan. Gesellsch., Bd. 13, 1895, S. 18-20

51. Zur Kenntnis der Formen von Aspidium Lonchitis Sw., Berichte der Deutschen Botan. Gesellsch., Bd. 19, 1901, S. 237-247

52. Aspidium filix mas Sw. und Athyrium filix femina, in: Pieper, G.R., 11. Jahresbericht des Botan. Vereins zu Hamburg 1901/02, Deutsche Botan. Monatsschr., Bd. XX, S. 158-160

53. Pteridophyta, in: Kneucker, A. Botanische Ausbeute einer Reise durch die Sinai-Halbinsel vom 27. März bis 13. April 1902, Allgem. Botan. Zeitschrift, Bd. IX, 1903, S. 184-185

Florenberichte

54. Bericht über neue und wichtige Beobachtungen. Abgestattet von der Commission für die Flora von Deutschland (Pteridophyten)
a) aus den Jahren 1884-85, XXII. Pteridophyta : Berichte der Deutschen Botan. Gesellsch., Bd. 4, 1886, S. CCXXXVII-CCLV
b) aus dem Jahre 1886,XXII. Pteridophyta (mit Nachträgen zu 1884/85): Berichte der Deutschen Botan. Gesellsch., Bd. 5, 1887, S. CL-CLX
c) aus dem Jahre 1887, XX. Pteridophyta : Berichte der Deutschen Botan. Gesellsch., Bd. 6, 1888, S. CLIV-CLVIII
d) aus den Jahren 1888-89, XXVI. Pteridophyta : Berichte der Deutschen Botan. Gesellsch., Bd. 8, 1890, S. (175)-(184)
e) aus dem Jahre 1890 XXVI. Pteridophyta : Berichte der Deutschen Botan. Gesellsch., Bd. 9, 1891, S. (166)-(172)

f) aus dem Jahre 1891, XXVI. Pteridophyta : Berichte der Deutschen Botan. Gesellsch., Bd. 10, 1892, S. (135)-(140)
g) aus den Jahren 1892-95, II. Pteridophyta : Berichte der Deutschen Botan. Gesellsch., Bd. 17, 1899, S. (95)-(104)
h) aus den Jahren 1896-98, II. Pteridophyta : Berichte der Deutschen Botan. Gesellsch., Bd. 18, 1900, S. (64)-(69)
i) aus den Jahren 1899-1901, II. Pteridophyta : Berichte der Deutschen Botan. Gesellsch., Bd. 20, 1902, S. (173)-(182)

Bearbeitungen

55. Lüben, A., Leitfaden für den Unterricht in der Naturgeschichte in Bürgerschulen, Realschulen, Gymnasien und Seminarien, bearbeitet von Ch. Luerssen und F. Terks, in vier Kursen, Hermann Schultze, Leipzig 1877, 4 Bände in 1 Band, 53 S. - 88 S. - 207 S. - 187 S.,

56. Auerswald, Bernhard, Botanische Unterhaltungen zum Verständniß der heimathlichen Flora. Vollst. Lehrbuch d. Botanik in neuer u. prakt. Darstellungsweise. Bearb. v. Chr. Luerssen, Mendelssohn, 3. verb. u. verm. Aufl., Leipzig 1877, XIV + 566 S., 52 Taf. u. 575 Textabb.

Rezensionen

Für das "Literarische Centralblatt für Deutschland" schrieb Luerssen zwischen 1874 und Anfang 1884 nach eigenen Angaben 210 Rezensionen über Bücher aus allen Gebieten der Botanik. Die meist kurzen Besprechungen sind nicht signiert. Die Gesamtzahl botanischer Werke, die im Zentralblatt besprochen wurden, legt die Vermutung nahe, daß Luerssen in diesem Zeitraum der einzige Rezensent des Blattes auf dem Gebiet der Botanik war. Ob die Rezensionen nach Übernahme der Eberswalder Professur fortgeführt wurden, ist nicht bekannt.

Herausgeber

1. Mittheilungen aus dem Gesammtgebiete der Botanik, mit A. Schenk, Bd. 1 + 2 (alle erschienenen Bände der Reihe), Fleischer, Leipzig, 1874-1875

2. Bibliotheca Botanica, Original-Abhandlungen aus dem Gesammtgebiete der Botanik, Verlag von Erwin Nägele

a) Heft 13 bis 26, hrsg. mit F.H.Haenlein, Cassel 1889 - 1892
b) Heft 27 bis 29, hrsg. mit F.H.Haenlein, Stuttgart 1893 - 1894

c) Heft 30 bis 50, hrsg. mit B. Frank, Stuttgart 1894 - 1900
d) Heft 51 bis 87, alleiniger Hrsg., Stuttgart 1900 - 1916

Das letzte der 75 von ihm herausgegebenen Hefte redigierte Luerssen noch kurz vor seinem Tod von Charlottenburg aus. Heft 88 der Reihe erschien nach dem I. Weltkrieg erst 1921, hrsg. von L. Diels. Die Reihe Bibliotheca Botanica existiert bis heute.

www.ingramcontent.com/pod-product-compliance
Lightning Source LLC
Chambersburg PA
CBHW082335220526
45470CB00008B/2516